アフリカゾウから地球への伝言

中村千秋

まえがき

いつまでも「夢を持てる人」になりたい。
小さくたって、大きくたって現実になろうと、
夢のままで終わろうと、
いつも無数の夢を持っていたい。
アフリカに行きたい。
南米に行きたい。
そして、
広い土地と綺麗《きれい》な空気と心ある人々と一緒に
住んでみたい。
大きなことをしてみたい。
みんなが驚くような――
狭い狭い日本にうずくまっている一人間だけれども、
世界一広い心を持てる大きな人間になりたい。
夢でなく、現実に。

これは、私が中学の卒業文集に書いた一節です。

これを書いた頃には、日本に新幹線や飛行機はすでにありましたが、長距離鈍行《どんこう》の列車もまだ走っていました。旅にもさまざまなやり方があって、列車で動くゆっくりとした旅のロマンもある時代でした。日本全国は高度経済成長期の真っ只中《ただなか》で大量生産、大量消費、速いものほど価値がある時代でした。一方で、私が生まれた一九五八年前後は、公害などその歪《ゆが》みも噴き出しつつある時でした。主役は高度成長だったのですが、脇役は公害に苦しむ人たちだったといえましょう。表面的には華やかに見える時代の中で、その波には乗らずに異なる生き方への夢も膨《ふく》らますことができる時代でした。社会学者の見田宗介さんは、一九六〇年代から七〇年代後半までの時代を「夢の時代」と呼んでいます。表面的にはそうであったと同感します。脇役と表裏一体と見ると、夢と悪夢が同居していた時代だったかとも思います。

私の持った夢はそのような時代の産物であったようです。

夢を追いかけて、私は平成という年号がまだ新鮮に響いていた頃、日本を離れて東アフリカのケニヤに向かいました。その時から今まで、ツァボ国立公園とその周辺地域を拠点に、野生のアフリカゾウと地域住民の共存を研究テーマとして、国際協力を通して、地球の自然保護のための活動をしてきています。自分に正直に生き、自分をあるがままに受け入れる、そのような人生をアフリカと日本とアメリカとで送りながら築いてきました。

アフリカの大自然のフィールドの中にいても、そこを離れても、野生のアフリカゾウと地域住民と共に歩んできた時がゆるやかに雄大に流れています。このような生き方から見えてきた世界は、とても広く大きなものとなりました。地球の自然保護について、アフリカの野生動物の立場からも、また地域住民の視点からも考え実践するようになり、大地を歩くゾウのように、ゆったりと考え、おおらかに動くようになりました。

このような大自然の経験は地球の自然保護にとって大切なのですが、経験している人間は地球上にごくわずかしかいません。また、だれでも経験する機会があるとは限りません。そこで私のように経験している者ができる限り伝えていく必要があるのです。

一方で、昨今の変化は、私が一九六〇年代から七〇年代に抱いていた夢のアフリカは、いったいどこに行こうとしているのだろう、と思わせるような状況もあります。アフリカの各地にアジア系の資本も進出して、インフラ整備が十分すぎるほどに計画されています。開発の名のもとに大自然との間に不調和な関係も見られつつあります。経済的に利用価値があることのみを追求していては地球の自然生態系は保護されません。その関係は、象牙をねらったゾウの密猟など、野生生物の密猟の増加からも見えることです。こういう時だからこそ、アフリカの大自然から学び、野生動物と人間社会の調和ある共存と共生を改めて問い直す必要があるでしょう。

さらに、バーチャルな体験や人工知能、地球外での生命の可能性が華《はな》やかに前面に出て主役となる傾向も気になります。映画「トランセンデンス」や「ターミネーター」などから人工知能の活躍や脅威《きょうい》を想像でき、映画とはいえ現実との接点も考えさせられます。このような状況の変化の中、地球の自然保護と人間社会が健全に生き延びるために大切なことは十分に伝えられているでしょうか。脇役として放棄されているのではないでしょうか。そのような疑問が生じます。

前面に出ている華やかなことには必ず落とし穴があります。地味だけれど脇役には大切な役割があります。地球上に大型野生動物が健全に生活する自然生態系が存在して、それが大自然として残っていることは重要なことなのです。

日々の生活に追われている人にとっても、どうでもよい脇役として捨ててしまうことはできないでしょう。なぜなら、豊かな感性を持って生きるための素材を捨ててしまうことはできないからです。その素材は大自然にあります。そして、その素材を五感で感じることができるひとりでも多くの人間が、地球の自然保護と人類の存続には必要だと思うのです。アフリカの大自然を間接的にでも今こそ伝えたい理由がここにもあります。

話は膨《ふく》らんでしまいましたが、内容は気軽に読める半生記的なエッセイ集となっています。興味のある章からお好きにお読みください。各章は連続してでも、独立してでも読むことができます。小学生の高学年、中学生にも読める内容が盛り込まれています。幅広い世代の方々が気楽に読み進めて、いろいろと考える時間を共に持ってくだされればと思っています。

もくじ

第五章　大自然との架け橋──152

装幀／富山房企畫　滝口裕子

第一章　文明人の野生への夢

文明人だった時に

夢を持つ生き方をしようというのは学校の先生たちや大人が子どもたちによく言うことですが、子どもの頃に夢を持ったからといって必ずしも大人になって実現するわけではありません。いや、実現できずに終わってしまう人がほとんどでしょう。

私の夢も実現まで紆余屈折《うよきょくせつ》しました。一直線に実現に向かったわけではありませんでした。しかし気がついてみると、自分の生きてきた道が中学生の時に書いた内容と近づくような生き方となっていたのです。強運だっただけのことかもしれません。諦《あきら》めずにしつこく追いかけ続けたためだったかもしれません。時代が許してくれたようにも思います。

私が追いかけていた夢、そして今でも追いかけている夢は、もしかしたら自由であることではないかと思う時があります。

中学生の時に抱いた夢のきっかけは、自由を得たい、と思ったからです。日本の学校生活は、規則ばかりでそれに縛《しば》られていると感じていました。家庭環境では、型にはまった成人になるための教育が重過ぎて、そこから逃げ出したい、という強い願望を持っていました。日本での時代の速度が速すぎて、息苦しいと感じていたのかもしれません。自由が束縛《そくばく》されていると感じていたようです。自由の新天地は日本よりも日本国外にこそある、と憧憬《しょうけい》を抱くようになったのです。日本人として決められた道に乗って生きるよりも、そこから抜け出して、個性を持つ地球人として生き抜いていけないだろうか、と考えるようになったのです。

今思うと、まさに時代の子の夢と考えです。日本を飛び出したいと思い、そして日本を出れば自由があると思えたのは、国外からの情報が限られていたためでしょう。昨今のように情報が過剰になっていると、日本国外に行けば自由がある、そこに憧憬を抱こう、という方向に行かないかもしれません。また地球は、今よりもずっと大きく広く遠い世界でした。現代にたとえると、夢の先はさしずめ地球の外でしょうか。日本の外には未知の世界がまだまだ残されている、と感じることのできる時代でした。それは錯覚《さっかく》だったのかもしれませんし、幻想だったのかもしれません。しかし所詮《しょせん》、夢は錯覚と幻想から成り立っているのではないでしょうか。

関東の一角の文明の社会で育った私がそうでない世界に憧《あこが》れて、そして身を投じるようになった行先は、人間社会からもさらに離れて、野生の世界となっていったのです。中学の文集に書いた夢では「人々と一緒に」でしたが、まず身を投じたのは「野生のアフリカゾウ」でした。

一冊の本との出逢い

中学の夢が膨《ふく》らみました。アフリカ大陸に似ていて大きくて広いものへの探究が始まりました。

一方で未知な部分や謎を限りなく秘めたものへの憧れが生まれてきました。その探究心と憧れの気持ちを満たして、私を捉《とら》えたのは野生のゾウでした。テレビや翻訳本から得たものを情報源としてのことです。イギリスやアメリカの研究者たちによる野生のアフリカゾウをフィールド研究している姿が、日本でも紹介され始めた頃でした。

自由への憧れから日本を離れて地球上の遠くで生活してみたい、と思ってから辿《たど》り着いたのは人間社会ではなくて、野生の世界だったのです。それはまったく意外な出逢いと結び付きでした。というのは、私の母は動物が大嫌いで、育った家では犬猫のペット類はご法度《はっと》でした。しかしそれは逆に観察好きになる一面を育ててくれたようにも思います。どのような状況でも本人の関わり方次第です。身近に寄せて触って知る生き物よりも、人間の手に載せずに離れて知る生き物の観察が得意になりました。生き物から距離を置いて観る楽しさに、子どもの頃から馴染《なじ》んでいけたのです。残念ながら、中学や高校での理科や生物の教科は異なっていました。高校生になると、生物は物理の学科とともに私が関心を持てない科目となってしまいました。

一方で読書が好きだった私の楽しみは本屋街を歩くことでした。そんなある日、本屋でちらりと見た小原《おばら》秀雄先生（当時女子栄養大学教授）の『動物の科学』という題名の本が頭に残って離れなくなりました。学校で習う生物の見方とは異なった世界が、小原先生の本には書かれていました。生物をマクロ的な視野から展望することを教えてくれた初めての本でした。生物の世界や野生動物のことに関しては無知でしたが、この一冊に閃《ひらめ》きを感じたのです。

新たな世界をひらいてくれた『動物の科学』

私のアフリカと野生動物の世界を結び付ける関わりはこうして始まったのです。

そして、先生の研究室で学ぶことを決意して進学を決めました。小原先生は、アフリカとアフリカゾウへの夢を抱いている私を、面白く変わった女子新入生のひとりとして快く受け入れてくれました。

小原先生は動物学研究室（埼玉県坂戸市）と人間学研究室（東京都駒込）という二つの研究室を構えていました。入学してから専門科目が始まるまでの半年間は、一般教養の受講が中心で、動物学研究室に出入りしつつ、新入生らしくおとなしく静かな学生生活を送っていました。小原先生との出逢いが、その後の人生の針路の要《かなめ》となっていくことに、当時の私が気づくには若輩《じゃくはい》過ぎました。先生も、この新入生が夢のとおりに将来アフリカでゾウを追うとは思っていなかったようでした。

小原先生を慕《した》って研究室に通いだしたものの、研究一筋に歩むような優秀で有能な弟子とはなれませんでした。アフリカとアフリカゾウから端を発して研究と活動の関心の幅は拡大する一方で、どちらかといえば風雲児のような大学生でしたが、そのような学生でも小原先生はおおらかに受け入れて下さいました。

アフリカに飛び出す

風雲児の勢いは増すばかりでした。思考や決断にも影響してきました。大学では就職活動が真っ盛りでした。しかし、どうしても周囲の人たちが選択している道に魅力を感じることができませんでした。あれこれ試行錯誤《さくご》しているうちに、自分なりに見出したひとつの方法が、当たって砕けても構わないから、とにかく体当たりでアフリカ大陸へアフリカゾウの研究者の道を探しに行くことでした。自分の足でアフリカに到達して、自分の目で野生のゾウを見て、願わくばそのまま研究者になってアフリカに骨を埋めよう、と情熱のみ先走る状態で決断をしました。大学時代にアルバイトで貯めこんだわずかな資金を手に、両親や小原先生の大反対を無視して、アフリカゾウの研究者になるぞ、と大志を抱いてアフリカを一年間放浪《ほうろう》しました。一九八〇年代初頭にアフリカを単独で放浪している日本人女子に出逢うことはなく、とても珍しがられました。

アフリカ単独放浪でその大自然や異文化を体験したことで、夢の半分が実現した気分になり、少々有頂天《うちょうてん》になりましたが、実は何も叶《かな》っていなかったのです。アフリカゾウの研究者になる目的にはまったく到達できずにいた自分に、「はっ」と気づき愕然《がくぜん》としました。いったい自分は何をしてきたんだろう、と自己否定を始めると、強烈な挫折《ざせつ》感を味わいました。私の人生の選択に反対していた小原先生の言ったとおりの結果となり、結局夢は適《かな》わなかったではないか、と自問自答し始めました。ここで終点にしてすべてを諦《あきら》めて、大幅に軌道を修正した人生の選択をできる時期でもありました。周囲の同年代の友人たちは結婚、出産または安定した就職と、確実で保守的な人生を歩み始めている頃でした。そのような友人たちからは、我が道を行く私は変人扱いされていました。「チアキは何をやろうとしているのか、まったくわからない」とよく言われたものです。

しかし、しつこくて諦めない精神はすでに芽吹いていました。アフリカ単独放浪から日本に帰国した後には、資金的な疲弊《ひへい》もあり、また自己嫌悪《けんお》にも陥《おちい》り、しばらく沈黙もしましたが、まさに七転八起です。やがて奮起して、小原先生の研究室に復帰して学び直すことにしました。その中で再び現実化への道を試行錯誤し始めたのでした。そして情熱のみにほだされることなく、慌《あわ》てずに小原先生の助言にも耳を傾けて、機が熟すのを待つことにしたのです。

ケニヤでの曙

一九八九年。ようやくその時が来ました。アフリカとアフリカゾウへの想いを抱き始めてから一五年の歳月が経っていました。一〇歳代、二〇歳代の一五年はとても長いです。四〇歳代、五〇歳代で感じる三〇年くらい、いやもっと長い期間に相当するような感覚です。

周囲が目まぐるしく変わっていくのに、我が道を進んでいくのは容易《ようい》ではありませんでした。解答のない答案用紙を突き付けられているような気分でした。しかし周囲に惑《まど》わされることなく、アフリカで独自の世界を開くこと、その夢とその実現のために生きていくことが私の人生にとっての真《ま》っ当《とう》な道となりました。その夢を温め続けて現実化していくことは、いつ明けるかわからない遠い遠い夜明けを待っているようなものでした。

ナイロビ行きのフライトに乗り込む日を迎えたものの、

「車なし、研究費なし、ナイナイ尽くしでの出発?!! とりあえずは、『三年はケニヤ』の覚悟で出発」

と、日誌に認めるほど先行きは不確定の状況でした。

「こういうやり方を長くやってきた。ひとりでふんばり、ひとりで自分に素直に忠実に歩んできた」

とも書いて、不確定さのど真ん中に入り始めた自分自身を肯定して自らを勇気づけていました。

「何も無いところからの創造だと思えば何でもやれる」

と、人生の夜明けに来たぞ、という気概《きがい》に満ちていました。しかし不安も抱えていました。

「研究者としてきちんと籍を置けるか、四輪駆動《くどう》車が手に入るか、その資金が何とかなるか」

それを打ち消すかのように、「やれないことはない! やれると思う! やれる自分を信じよう!」と、呪文《じゅもん》のようにつぶやいていました。

ひたすら野生のゾウを追いかけて、まったく道しるべもない薄明りの深い森林の中を歩くかのような気分でした。出口のわからない道で模索の日々を続ける覚悟で、ケニヤで野生のゾウと共に歩む人生の開拓に着手したのです。

ケニヤでの生活は、小原先生の親友であるケニヤ人のチャベダさんとその家族との出逢いから始まりました。チャベダさんは、ケニヤ野生生物公社（現在の名称）の本部研究部の当時の部長でした。大きな鼻と目が印象的で比較的小柄に見えるチャベダさんには、ケニヤの父のような安心感がありました。大学生になる息子を筆頭に四人の息子がいました。ナイロビでチャベダ家に世話になり、息子たちともケニヤでの家族のように親しみつつ、ナイロビから三〇〇キロメートル以上離れたツァボ・イースト国立公園での野生のゾウの研究の拠点作りを開始しました。出発時点では肝心な研究資金を得ることはできなかったので、貯金した私費を全額叩いての出発でした。研究資金の微《かす》かな頼みの綱は、出発前に申請をしてきたトヨタ財団の研究助成からの資金でした。過去に申請したものの二回とも採択されず、三回目の申請をして日本を出発しました。

一九八九年から一九九〇年にかけて世界は激動していました。アフリカゾウもその渦中《かちゅう》にいました。一九八九年の七月にはケニヤ政府は象牙一二トンの燃焼を世界で初めて行い、野生のゾウの保護を国際的にアピールしました。一〇月のスイスでのワシントン条約締約国会議では、アフリカゾウの象牙の国際商取引を禁止することが決定しました。会議ではケニヤ政府の代表として、当時私がナイロビで居候《いそうろう》していた家のチャベダさんが出席して、象牙の国際取引の禁止に向けて活躍しました。

スイスでの会議に向けてチャベダさんと同様、尽力《じんりょく》を注いだのがペレス・M・オリンド博士です。オリンド博士はチャベダさんより一回りほど大きながっしりとした体格で、どことなくアフリカゾウを想像させる容姿でした。ケニヤがイギリスの植民地支配から独立（一九六三年）した後の一九六六年、アフリカ先住民として初のケニヤ国立公園庁長官となり、一九七六年まで継続、後に一九八七年から一九八九年（四月まで）にも同職に就きました。ケニヤの野生動物保護にはなくてはならない歴史的な人物です。小原先生がケニヤを初めて訪問した時以来の親友で、かつチャベダさんの元上司でした。

小原先生とチャベダさんを通して紹介を受けましたが、当時の私にとっては雲上人《うんじょうびと》のような存在でした。オリンド博士は、私がケニヤに到着する直前に、ケニヤ国立公園庁の長官からナイロビに事務所があるアメリカ系のNGOの顧問に職替えしていました。私はナイロビに出る度に、オリンド博士のその事務所へ日参して、オリンド博士のケニヤへの野生動物に対するポリシーや愛情、アフリカ先住民としての真摯《しんし》な姿勢に接し、多くを学び取りました。チャベダさんがケニヤでの私にとっての父である一方、オリンド博士は小原先生と同様、ケニヤでの恩師となっていきました。

一九八九年、オリンド博士は、チャベダさん、小原先生やタンザニアのムライさんなどと共に、アフリカゾウ国際保護基金を設立し、私はその研究員として籍を得ました。そして、念願の研究費もトヨタ財団から採択の通知を受け取ることができました。

一九九〇年二月には南アフリカ共和国で、アパルトヘイト（人種隔離《かくり》政策）と戦って獄中生活二七年のマンデラさんが釈放されました。その時、私はチャベダ家にいて家族が解放のテレビに釘付けになっているのを見ました。解放される姿が映し出されると、チャベダ家の家族の全員が涙を浮かべて抱き合って喜んでいました。ケニヤからは遠い国であるはずなのに、同じアフリカ大陸に生きる先住民として共有しているその姿を見て深く感銘を受けました。政治的な策略がありマンデラさん個人の功績とすべきではないとは言え、アフリカ人の団結、人間の拘束《こうそく》からの解放、自由の獲得を共有する素晴らしさを実感しました。チャベダ家の人たちの生活から学んだことは、当時の私にとっては、日本とはまったく異なる世界での小さな経験と驚きの積み重ねで異文化の壁に悩むこともありました。が、それを経験して超えることができたおかげで、後のコミュニティー支援の活動への芽を育むこともできました。

私にとっての一九八九年からの二年間も、世界の激動の波を眺めつつ、激動のうちに過ぎていきました。ケニヤでの曙《あけぼの》を見つつ、アフリカでの人生の開拓初期を確固たるものとしていったのです。

二次野生人になる研究者

夜明けは辛抱《しんぼう》強く待っていれば必ず来るものです。要は諦《あきら》めないことです。しつこさが夢を成就《じょうじゅ》させるための初期条件だという信条を、野生のアフリカゾウを研究する野生の生活者として、現実のものとしていくことになったのです。

何とか手にした小型の四輪駆動車の中古で、ツァボ・イースト国立公園での野生のゾウの調査を開始することになりました。ツァボ・イースト国立公園は、約二〇〇〇〇平方キロメートルのツァボ国立公園の五六パーセントから六六パーセントほどを占め、福島県ほどの広さがあります（注1）。まずは拠点とする住処《すみか》を見つけなければなりませんでした。国立公園のワーデンに話をつけて、一五年以上だれも住んでいない廃屋《はいおく》を使わせてもらえることになったのです。コウモリとヒヒが住み着いていて異臭を放っていたのですが、私費を投じて修繕すると何とか住めるようになりました。水も電気も使えるし、屋根もあるので調査拠点としては充分でした。この廃屋を調査小屋と名づけました。調査小屋そのものはお粗末なものでしたが、その調査小屋からの展望は素晴らしく、大型から小型に至るまで野生動物たちが主役になり生活している世界でした。東に面する窓側からは朝日が昇るのが見え、カーテンも何もない窓から日が差し込むのを目覚ましにして起床する生活が始まりました。

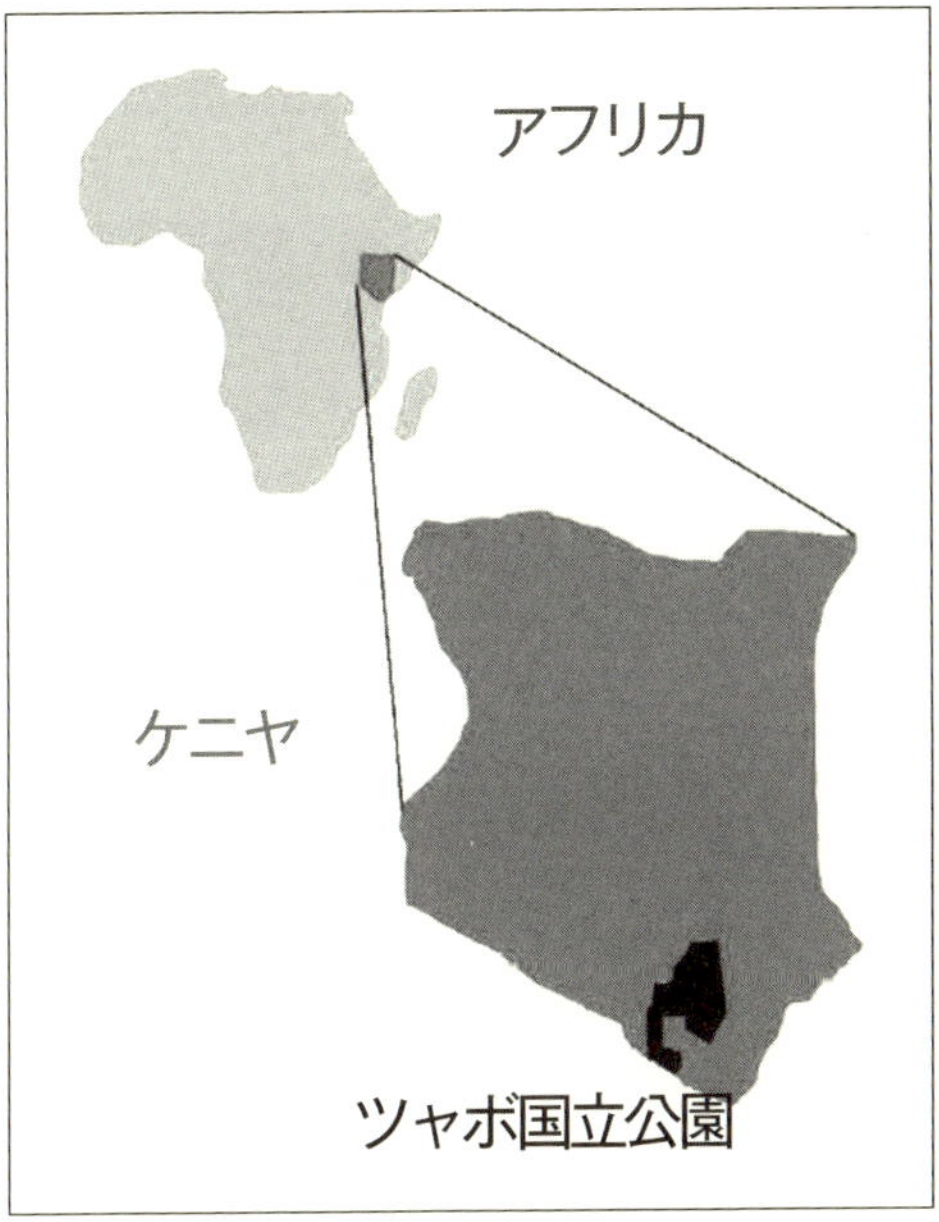

ケニアはアフリカ東部の一国。その東南部にツァボ国立公園がある。「ツァボ地域」とは、国立公園，それ以外の野生生物保護地区および人間居住地帯も含めた地域生態系を指す。

　ツァボ地域は四季ではなく、乾季と雨季に分かれま

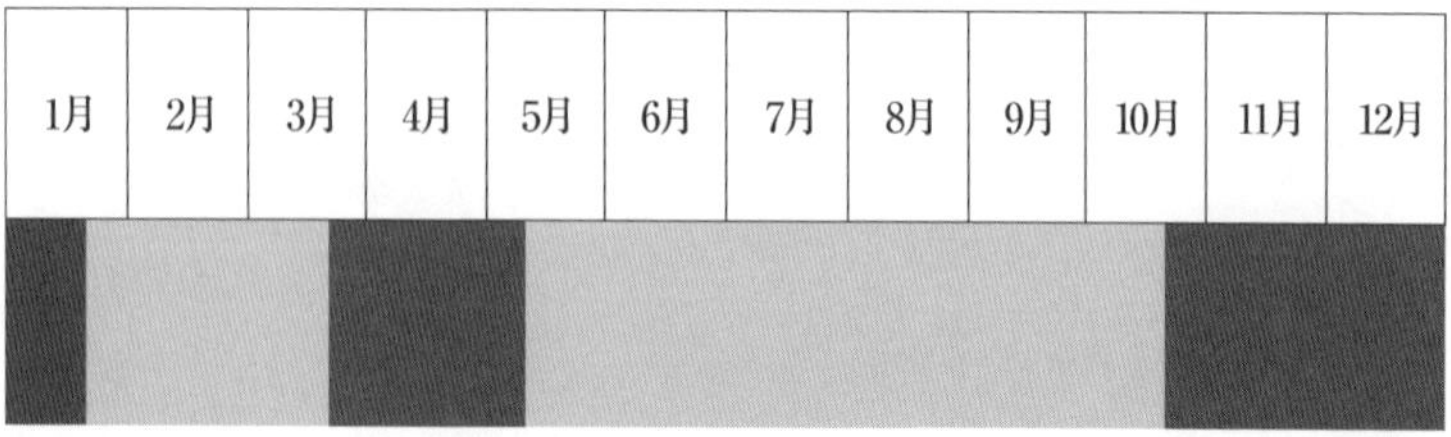

乾季と雨季。ツァボ地域の季節は乾季と雨季になり、おおまかな期間を示した。灰色のところが乾季、黒色のところが雨季を示している。

す。乾季は、一月の半ばくらいから三月半ばくらいまでの二か月間と五月半ばから一〇月半ばくらいまでの五か月強ほど続きます。毎年、期間に若干の差はありますが、通常、年間七か月から八か月が乾季となります。乾季には雨量がほとんどゼロとなります。それ以外の時期は雨季となります。年間の総雨量はエルニーニョが来た時に豪雨となった年を除き、年間平均雨量は五七〇ミリですが、二〇〇ミリから八〇〇ミリ前後でばらつきがあります。乾季には野生動物は観《み》やすく、雨季には観にくくなります（注2）。

私が調査を始めたのが乾季だったこともあり、野生動物をとても観察しやすい状況でした。調査小屋の前には野生のゾウが朝からやってきて、シマウマ、キリン、そのほか多くの野生動物がわが住処といわんばかりに生活を繰り広げています。私自身は小さな一人間＝ヒトに過ぎない、彼らの世界への侵入者なのだ、と心身ともに実感するようないきいきとした光景が目の前に展開していきます。それは野生動物とはどういうものなのかを嫌というほど体験的に知らしめ、そして侵入者であるヒトがいかに非力であるかを学ばせてくれる世界です。地球上に人類が現れた後、人間社会が農耕を開始する頃の原点、まさに原生自然と言える世界が目の前に広がっているのです。その素晴らしい世界に身を投じることで、野生動物の世界に埋没していくことになりました。人間の原点から出発して野生に生きる生活が待っていたのです。

野生動物と共に生きるというと美しく聞こえますが、生易《なまやさ》しい生活ではありません。長期の断水、停電、コウモリやヒヒの襲撃。夜にはライオンやハイエナの出没。朝からライオンが調査小屋の前に陣取り、外出できない日。ゾウが水道の蛇口《じゃぐち》に寄ってきて調査小屋に入れるまで何時間も待たねばならないこと。雨季には大量に出没する生物の多様性を絵に描いたような昆虫の群を前に、虫刺されに悩まされ、毒へびやサソリの侵入には一晩ろくに眠らずに過ごさねばなりませんでした。

毎年八月には恩師の小原先生が家族でツァボを訪問し、友人であるオリンド博士は小原先生に必ず同行しました。私にとって小原先生が理論的な指導者としての恩師である一方、オリンド博士はフィールドの実践的な指導者としての恩師です。一九六〇年代のアフリカを経験的に知っている小原先生とオリンド博士は、地球、アフリカの自然をダイナミックに捉《とら》えているところが共通していて、私は大きく影響を受けたのです。

小原先生が「君には何も感心することはないけれど、よく続くことだけは認めるよ」と私を評していました。たしかにしつこいのです。私にあるのは継続力のみと言っても過言でないほど諦めることをしません。周囲にまどわされることなく、人間や個人の損得を考えずにチャレンジす

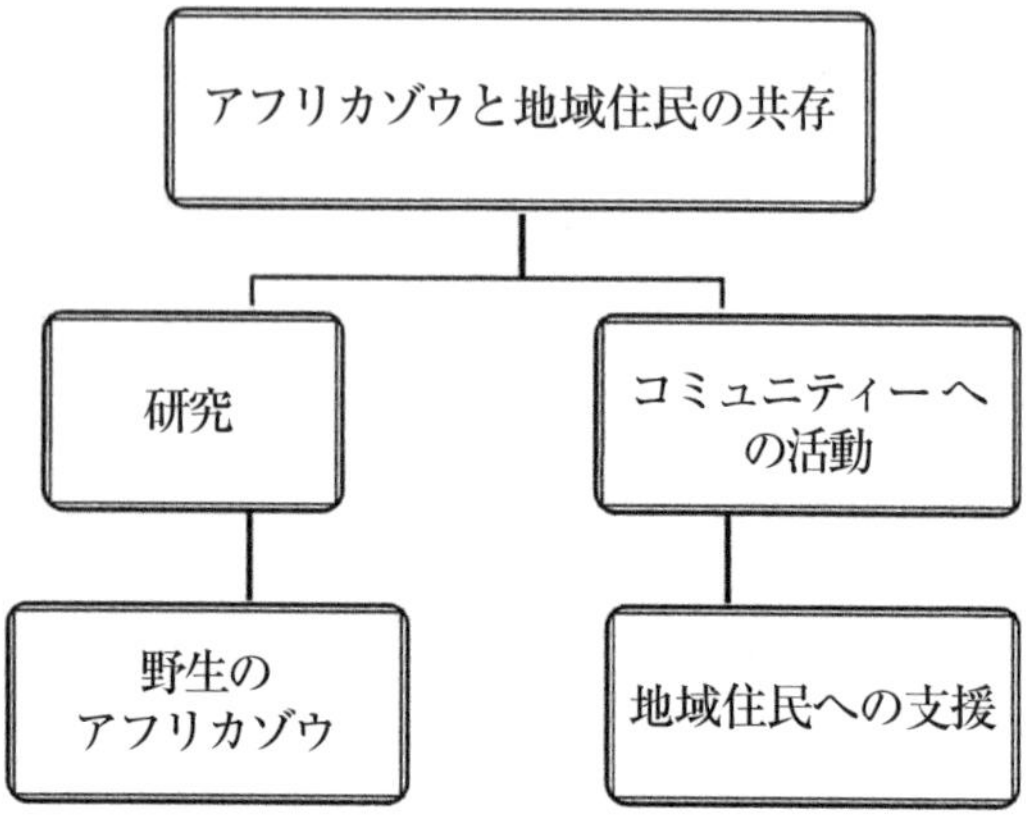

野生のアフリカゾウと地域住民の共存のための研究と活動

る精神は今でも失っていません。それがまた野生動物と共に生きるのには必要だと確信しています。

そして野生のゾウを追い、原生自然を身近に感じる生活を送っているうちに、規格にはまらない生き方に磨《みが》きがかかり、ツァボの野生のゾウの世界に入り込んでいくことになったのです。個人的な夢から広がっていき、到達した野生のアフリカゾウの研究者だったのですが、その世界に深く入るほど、地球、世界、人間社会との関連が見えるようになってきました。決して野生のゾウやアフリカが好きだから見える世界ではない、そこにある原生自然を原点にして普遍的に地球の自然保護、人間社会との共存共生を考えねばならないのだ、と実践的にも理論的にも深めていくことになったのです。そして、これを広く伝達普及していかねばならないとも考えるようになりました。まさに一文明人が野生の世界に二次的に戻って、人間の生物としての原点に巡り合い、そこを出発点に地球、世界、人間社会を再考するというものでした。

脇役からの視点

人にはそれぞれ向いている役柄があると思います。主役向きの人もいれば脇役向きの人もいて、そこには上下関係や差はないはずですし、どちらが欠けていても舞台は成り立ちません。私は主役向きではありません。脇役向きです。それもほとんど登場することのない端役がぴったりですし、目立たずそっと大切な任務をこなすのが気分がいいのです。前面に出るのは好きではありません。オーケストラで言えば太鼓たたきでしょうか。めったに登場しませんけど、いなければ演奏がしまらない役柄だと思っていますし、大型野生動物と付き合うのはそういう役柄でないと務まらないのです。大型野生動物とそれが織りなす自然が、自分にとっての主役になることによって、野生動物の世界が見えてくるのです。そして野生動物の世界から地球、人間社会を知っていくことは、滅びゆく地球と万年主役の人類を救済して保護していくうえでとても大切であると考えるのです。

人間中心主義と非人間中心主義、もしくは自然中心主義という分け方をする人たちもいます。そのような分け方自体がすでに人間が主役になっているようにも思えます。人間でありながら主役にならずに生活していくのは不可能という人たちもいます。人間のみが生活する空間に日々生活していると、人間中心で半永久的、かつ独裁的に地球の主役になってしまっていることすら忘れてしまうのですから、たしかに難しいかもしれません。

中心という考え方をやめましょう、と主張する人たちもいます。すべては相対的にあるのです。ちょうど主役と脇役とがお互いにいなければ成立しないように、人間と野生動物にも差がなく、お互いの視点、観点を尊重して地球と人間社会を見直していくのが重要なのではないでしょうか。それが人間社会の奢《おご》りを少しでも減らす一歩となるようにも思います。

このような思いがアフリカで野生のゾウを追いかけ、その中で暮らしているうちに膨《ふく》らんできました。あまりに人間離れしてしまったかもしれません。しかし人間社会、人間そのものを客観的に、かつ多様に知るためのひとつのヴィジョンです。地球を考えていくうえで現代に欠かせない大切な視野と捉えているのです。

私の研究は野生のゾウの糞《ふん》から始まりました。どちらも人間にも人間社会にもほど遠い存在に思えるものですが、本当にそうでしょうか。野生のゾウも糞も私にとっては、小原先生やオリンド博士と同じくらい、もしくはそれ以上の恩師です。いや最上の師と言えるかもしれません。なぜなら小原先生やオリンド博士は地球にとってのキーとはなり得ませんが、野生のゾウも糞も地球の生態系にとって、地域の生態系を通してのキーだからです。

そう考えてきますと、アフリカで野生のゾウを追いかけ始めてからは、私には実にたくさんの恩師を持つことになりました。人間と人間以外の恩師たちです。この恩師たちからアフリカの原生自然の地球における重要性を頭の先から足の先まで全身で学び取ったのです。

その話を次章ですることにしましょう。

（注1）　ツァボ国立公園はツァボ・イースト国立公園とツァボ・ウエスト国立公園に行政上の目的から分けられています。設立当初から二〇〇二年頃までは、ツァボ・イースト国立公園は一一六五五平方キロメートル、ツァボ・ウエスト国立公園は九一七七平方キロメートルでした。その後、調整が入り、それぞれ一三七四七平方キロメートル、七〇八五平方キロメートルとなっています。さらに二〇一五年鉄道工事のための売却があり若干の面積が変更となっています。

（注2）　雨量はヴォイ地区一箇所での記録です。ツァボ地域には森林地帯から乾燥地帯まで含むため、雨量には地区差があります。また『アフリカで象と暮らす』（文春新書、二〇〇二年）には平均雨量五五〇ミリ、約三〇〇ミリから七〇〇ミリ前後としていますが、本書ではその後の記録も加えて二〇一四年までの記録で記しています。そのため数値が異なります。

第二章　私の恩師たち

学校時代の先生たち

幼稚園や小学校の先生たちとの出逢いはだれにとっても忘れ難《がた》いものです。私の場合にも例外ではありません。強烈な先生もいればソフトな先生もいました。先生と生徒とはいえ人間同士ですので、当然相性はあります。担任となった先生だけでも数えてみますと、幼稚園から高校まで一三名の先生たちとお互いに名前を覚える関係になる出逢いをしています。人間同士なので相性の良し悪しはありますが、生身の人間として愛情いっぱいに接してくれる先生と小学校の時に出逢ったのは幸運でした。

小学校の五年生と六年生の時の担任は岡本三男先生（注1）と言います。当時すでに五〇歳を超えていたのでしょうか。考えてみれば今の私の年齢よりもおそらく若かったでしょう。しかし、小学五年生の私たち生徒にとっては、白髪交じりで大きな体をゆっさゆっさと左右に振りながら階段を上り、廊下を歩いている先生は、とてつもなく年取ったおじいさん先生に映りました。おじいさん先生だからやさしいのだろうと思ったところが大きな間違いでした。厳しいのです。宿題はたくさん出すし、勉強のやる気のある生徒には特別な問題を出してまで指導する熱心さです。

それでも、子どもを大好きな先生というのは生徒たちに伝わっていました。週末には神社の敷地内に住んでいた先生の家に子どもたちが押しかけていき、神社内を駆け回って遊ぶのが楽しみのひとつでした。

岡本先生はひとりひとりの個性をよく見て、だれにでも得意、不得意があることを教えてくれたように思います。満点ばかり取ってスポーツが得意な生徒でも不得意なところはあるし、逆に勉強はできなくても工作が得意な生徒もいる、人間はいろいろなんだ、という当たり前のことをお互いが認め合うような雰囲気をつくってくれていました。生徒ひとりひとりの良いところを見つけ出して伸ばそう、そこから将来への夢を持たせよう、本や新聞をたくさん読み想像力を豊かにし、正しい知識をつけるような教育づくりをしていました。

その先生が私を見て言っていたのは、「中村は文章がうまいなぁ」、ということと、「運動神経がまったくないなぁ」、ということでした。褒《ほ》められると調子に乗ってしまうのは子どもの癖《くせ》です。私も褒めことばに乗ってしまうお調子者の子どもでした。将来の夢は物書きだ、小説家だ、と思うようになりました。

運動神経が鈍いというのは困りものでした。たしかに私は運動会が苦手でした。短距離の駆け足はいつもビリでしたし、クラスでひとりだけ跳び箱は飛べず、逆立ちはできずで、運動に関しては本当に鈍《どん》くさい女子でした。先生の忠告は、「将来、こんな運動神経では運転免許は取れないぞ」というものでした。すでに天国に逝《い》ってしまった先生ですが、私がアフリカ大陸で地球と

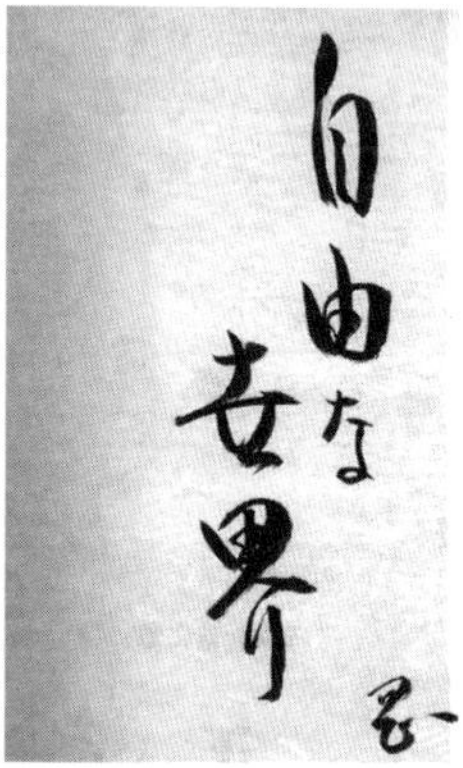

岡本三男先生のことば

月を三往復以上もできる距離を四輪駆動車でひとりでフィールドを走り込むようになっていったとは、その時には想像もできなかったことでしょう。

岡本先生とはその後、私が大学に入学した時にクラス会で会ったのを最後に音信不通となってしまっていました。私が大学を卒業してアフリカを放浪した時に一枚の葉書を出しました。地球の裏側の遠い地から届いた突然の葉書におそらく驚いたことでしょう。人づてには、小学校のPTAの話の時に卒業生でアフリカで頑張っているこういう人がいる、ということを話していたと聞いています。

恩師というにはあまりに稚拙《ちせつ》な段階なのですが、夢を抱いたり、得意なことを追い続けたりすることができるようになった種蒔《たねま》きは、この頃にあったのかとも思うのです。

もっとも、時代はそういう時代だったのかもしれません。終戦後一三年経ってから生まれた私たちの年代は、戦後生まれである、という自己認識がほとんどないのですが、歴史的には立派な戦後派になるのです。戦争を知らない子どもたちが夢を持ち、得意なことを伸ばしてのびのびと自由に育つように、と当時の戦争体験者の大人たちが切に願っていたのでしょう。戦争の二度とない将来、明るく平和な日本を背負う大人たちになるように、と子どもたちに期待していたのでしょう。当時の子どもたちだった私たちが、それを鏡面《きょうめん》のように感じ取っていたに違いありません。岡本先生ばかりでなく、日本中の多くの先生たちがそういう熱い思いを抱いて教壇に立っていたものと思います。その意味では一九六〇年代に子どもだったこと、というのが私にとっての恩師だったのかもしれません。

反面教師

残念ながら中学校や高校ではそのような教員には出逢えませんでした。私にとっての一九七〇年代は反面教師にこそなれ、恩師と言えるような時代ではありませんでした。

しかし反面教師というのも実は大切なのです。学校の教育に魅力がなかったからこそ、学校外に関心を持ったわけですし、小原秀雄先生との本とも出逢えたのです。

学校教育の外で手にした本の中で感性が強烈に揺すられるものと出逢うのが楽しみでした。本の選択も何となくしていましたし、何となく発見するのが面白くもありました。そしてこのような感性は大切だったと思うのです。機械化が進み、何もかも合理的に速く進むのがベストの時代では「何となく」や「感性」はあまりに不確かで、不都合の産物です。切り捨ててしまうほうが生産性を上げるのには都合がよいのです。私は不確かさとの共存をこの段階に生き方として取り入れたようです。そしてそこへのチャレンジも始めました。

確かさを求めるのであれば、大学受験でアフリカや動物学について先行している大学や学部を選び、それに向けて邁進《まいしん》すればよかったはずです。が、その選択肢《し》は現実の壁を前に許されませんでした。現実の壁は両親の反対です。良妻賢母《りょうさいけんぼ》という日本語は今では死語だと思いますが、このことばが存在していた頃の話です。両親は女子にはこの道がベストであると諭《さと》し続けたのです。その意味では両親も反面教師でした。ものわかりのよい両親だったら今日の私はなかったかもしれません。抑制《よくせい》され自由が遠のくように思い、自らが描いた自由の新天地に憧《あこが》れ、追い求める姿勢に磨きがかかりました。

とりあえずは良妻賢母を装った蓑《みの》を着てしまうのもサバイバルの方法となりました。現実の壁にぶつかれば、そこで硬直してしまうのではなくて、それなりに打開策を見つけて柔軟に生きていく術をこの時期に身につけたようです。一直線に走り切らないことを学んでいました。運動神経が鈍かったことから学んだのかもしれませんが、のらりくらりと壁に触ったり当たったりする方法です。迅速《じんそく》ばかりがすべてではないし、回り道のように見える方法も、また必ず何かを生み出すものです。急がば回れの方法は一九七〇年代の日本では反社会的だったかもしれません。

考えてみれば、日本を脱出したいという原動力自体は、反面教師がいなければ湧き上がってこないし、膨《ふく》らまない世界だったのです。反面教師もまた恩師にすることができるほどに柔軟性があったと言えば聞こえはよいのですが、当時の私にとっては、八方ふさがりの小さな穴から広大な大地へ救いを求めて飛び出して行く時の発火点が反面教師でした。狭い視野での日本人より、広い視野での地球人になりたい、その場はアフリカにある、という思いはこうして芽生えていったのです。

理論の先生

黒い髪の中にゴマ塩のように点々と白髪がまじり、年齢のわりにはやや長身で大柄。猫背気味で歩く姿が印象的な先生。これが大学の研究室で初めて会った時の小原秀雄先生（当時四九歳）でした。当時一八歳の私から見ると、我が父よりもかなり年上の初老の教授に見えました。小原先生は大正生まれだった私の父と二歳しか変わりませんでしたし、今の私の年齢よりもはるかに若かったのですが、その容姿が初老を思わせたのでしょう。日本人男性の平均寿命は、私が大学に入学した年の五年前に七〇歳になったばかりでした。私の父は会社員でしたが、定年五五歳、人生六〇年として設計していたという話を聞いたことがあります。小原先生が年取って見えたのはそのような時代の背景もあったかもしれません。

本の著者として小原先生のイメージを勝手に作りあげていましたが、実物はかなり異なっていました。小原先生の本はよく難解だと評されます。小難《こむずか》しい著書や話がお気に入りの私には、小原先生の本は心地よいものでした。それとは別に、先生と面と向かって座って雑談をする楽しさもありました。もちろん学生に合わせて講義や話をしてくださっていたとは思いますが、それでも毎日の研究室での雑談の中からも多くを学びました。生物の世界、動物の話はもとより、多くの語録が耳に残っています。

小原先生の専門は動物学、とりわけ哺乳類学で、世界の動物を対象としています。時には都市生態学にも関わっていましたし、総合科学としての人間学の分野にも力を注いでいました。ですからアフリカの野生動物のみが専門というわけではありませんでした。アフリカには一九六〇年代から足を運んでいました。小原先生はフィールド・ワーカーではありませんが、現地を知った経験は、その後のアフリカの野生動物や自然生態系の重要性を理論的に研究するためのベースになっていったようです。毎年一度は研究の理論を深めるために、東アフリカを中心とする地域を訪問していました。アフリカの野生動物に関する小原先生の理論の中心は、かなり粗《あら》っぽくまとめれば、大型野生動物を含めた自然生態系を生物の進化の法則に沿って保護して限りなく地球上に残すこと、それが人類の存続にも大切だということだと私は理解しています。最悪かつ最小限に必要となる状況を除き、人工的な手の介入しない自然保護の重要性を訴え続けていました。自然保護は、どちらかといえば動物学の研究にはお荷物的な活動や研究であった時代に、先駆的に一般普及にも力を注いだ自然科学者です。

人生の要所で小原先生にはアドバイスをいただきました。第一章で述べましたように、小原先生は、私のアフリカ放浪には反対していました。ケニヤのナイロビの安宿に泊まっていた私が、先生の宿泊していた高級ホテルに薄汚いTシャツとGパンの恰好《かっこう》で突然訪ねて行くと、「本当にアフリカゾウを追いかけて放浪する気なんだね」と驚きを隠せない様子でした。しかし、拒《こば》むどころか「水もろくに出ない宿なのか」と心配してくれました。そして「今回は初めてのアフリカ大陸の訪問なんだから、まずはアフリカで体験を積み重ねて、野生動物ばかりでなく文化や生活面でもいろいろとショックを受けるのも悪くないね」と、私の選択を半分は認めてくださっているようでした。

先生の口癖《くちぐせ》のひとつは、「好きなことを続けるというのは本当に大変なことだよ」。小原先生は動物好きが高じて動物学者になった方なのですが、非エリートだった故のつぶやきだったのでしょう。同じく非エリートの私でしたが、先生ほどに立派にも偉大にもならぬまま、当時の先生の年齢となってしまいました。しかし比較すべきものでもありませんし、時代も異なります。小原先生の活躍した時代に、先生はぴったり適合して生きていた、と私は見ています。膨大な数の著書を出版できたのも、出版界が右肩上がりの昭和の時代だったからでしょう。二〇〇九年に最後に出版された本は「五〇〇部のみだよ」、と嘆いておられました。

「女子大に来るのは本当に嫌だった」ともこぼしていました。しかし女子大の教員となったために、小原先生の女性に対する観方は大分変わったのでは

小原秀雄先生とツァボの調査小屋にて（2007年）

ないか、と思っています。「先生も料理をやられるんですか」とよく聞かれてうんざりする、とも言っておられました。それはそのはずです。お湯も沸かせない先生が包丁をさばけるわけがありません。また動物と言うと、「犬や猫をどれくらい飼っているんですか」と聞かれるのにも閉口する、と言っておられました。先生のお宅にはペットは何もいません。動物というと飼育動物の枠から出ない見方が主流だった時代の話です。栄養学といえば料理学校、動物といえば飼育動物、とお決まりの型で見る時代の嘆《なげ》きでしょう。ちなみに小原先生の次世代の私の代になると、栄養学や動物学に対する見方も広がったのか、それとも小原先生たちの世代の普及の力もあるのか、そのような質問は減っているように思います。栄養学も動物学も、自然保護と国際協力に関係してきていることが、以前より多くの人々に伝わってきているのかもしれません。

理論から実践への継承

小原先生のところで学んだことのうち、大きかったことのひとつは、実は動物学そのものはもとより、その周辺での先生の視野、理論に触れることができたことでした。先生はフィールドを専門とはしていませんでしたし、実践家でもありませんでしたが、多くの独自の理論を持って展開しておられて、それに触れることができたのが、一番大きな収穫だったと思っています。

小原先生の著書『アフリカの野生動物』にある文章などは、私の血となり肉となり、すっかり身についてしまっています。時代の変化は早いものです。動物好きやアフリカに関心があっても、小原先生を知らない次の世代が成長してきています。そのような次世代の人たちや、先生の本を読むこともない人たちへ、先生のアフリカの自然保護についての理論を私が咀嚼《そしゃく》して受け渡し、僭越《せんえつ》ながら実践的にわかりやすく、また地から足を離すことなく理論的に深めているつもりです。先生からは不満だ、とお叱《しか》りを受けるような継承の仕方かもしれません。偉大で天才型の理論家の産物はこうしてどの時代でも継承されているのですから、そのための一役を買えるのは光栄な限りです。

残念ながら高齢になった小原先生は二〇一二年より体調を崩して、私の仕事のお目付け役をしてくださるほどに元気ではなくなってしまいました。そればかりでなく、毎年恒例になっていた八月の東アフリカ滞在も二〇一二年で停止したままになってしまいました。おそらく日本人としては最高齢の学者の東アフリカ訪問者であったろうと思います。老化は悲しく寂しいところもあります。それでもいつの日かまた、ケニヤのツァボで野生のゾウたちを前に一緒に語れるのを思い描かずにはいられません。その日までは、ケニヤのツァボでゾウがやってくるのを観ながら話した日々を思い出して、私の心の中に住んでいる小原先生から叱咤《しった》激励を受けることにしています。

「先生、こういう考えはどうでしょう?」と聞けば「中村、それはね、こういう言い方もできるんだよ」とか、「そうだね、そういうことなんだよね」とか「そうだなあ、中村らしいなぁ」と、微笑《ほほえ》みながら相槌《あいづち》を打ってくださる一方、「違うんじゃないか、そんなことを言っても通じないよ」とか、「研究に関しては何も感心するところはないなぁ」と冷ややかに批判しつつ、心配してくださっている声。そして同時に、「けれど、地域の人々のところに飛び込んでいったところは中村だよな、そこは君らしいよ」と、さわやかな風が吹くツァボの青空の下、野生のゾウの声と共に聞こえるかのようです。

小原先生の声で耳から離れずにこびりついていて、繰り返し自分の中でもつぶやいていることばが三つあります。ひとつは、「自然には法則っていうのがあるんだよ。進化史、自然史もすべてこの中にあるんだよ」ということです。これは私が野生のゾウを追いかけるフィールドにいると日々感じることだからでしょう。

ふたつめは「自然っていうのは一過性のものなんだね。二度と繰り返さない。だから自然保護なんだよな」ということばです。これもフィールドにいると日々データとして実証できる世界です。小原先生の理論はフィールドにぴったりの実践的なつぶやきなのです。そこにアフリカの自然保護の基本があるのです。

そして最後のひとつは、「中村、現地の人たちを連れて歩かなきゃだめだよ、地域の人々がアフリカの自然保護を理解しなきゃだめなんだよ」ということばです。小原先生自身は理論的に言っているだけで実践はしなかったのですが、それが実現する時を期待をしていたものと思います。実はこのことばは、小原先生の長年のケニヤの親友である、ケニヤ人のオリンド博士の実践的なアプローチの方法でもあったのです。

実践の先生

「大きな温かい手ですね。まるでアフリカ大陸にすっぽりと包まれるかのような感じですね」とオリンド博士に初めて会った人たちが、オリンド博士と握手した時の印象を語ります。

ケニヤでは挨拶《あいさつ》の時には必ず「ジャンボ」と言って握手をします。日本でのお辞儀の挨拶ほどにふつうに頻繁《ひんぱん》になされるので、それがどういう印象を与えるかは、訪問者たちが感想を言うまであまり考えたことがありませんでした。

もっとも握手の挨拶には苦《にが》い思い出があります。オリンド博士との初めての出逢いでは冷ややかにあしらわれてしまい、握手もしてもらえなかった記憶があります。握手してもらえない、ということは無視されている、もっとはっきり言うと、あなたを嫌いです、受け入れていません、という意味があります。オリンド博士の冷ややかな態度は、私の以前にオリンド博士が関わった女性研究者にありました。オリンド博士を利用するかのような誤解を招く態度が、混乱を招いていたようです。私はその研究者とは違うのだということを理解してもらうまで、緊張した関係が続きました。そのためか、握手にはよい印象がなかったのです。けれども、緊張関係がほぐれて落ち着いて握手できるようになると、たしかに皆が言うように抱擁《ほうよう》感があり安心感のある手だな、と思うようになりました。

その手の温かさが伝わるようなマネージメントをオリンド博士は在職中、ケニヤの野生生物の自然保護、国立公園や保護地域のために続けていました。ケニヤ、そしてアフリカでの野生生物保護を第一線で実践的に成し遂げてきたのがオリンド博士です。一九六〇年代から七〇年代の前半にかけて国立公園庁の長官だった時には、自《みずか》らセスナを操縦して現場に足繁《あししげ》く通い、フィールド視察を頻繁にする長官、として知られていました。野生動物はまずは現場から、フィールドの声こそ大切であるとフィールドで働く部下たちを大切にしました。

一九六三年に独立するまでイギリスの植民地だったケニヤでは、イギリス人の持ち込んだ階級制が良くも悪くも踏襲《とうしゅう》されています。長官はとても偉い人で階級の上位になりますから、長官が下位に属するフィールドの部下と握手をすることはまずないのです。ところがオリンド博士は違っていました。だれにでも温かく手を差し伸べました。

「後にも先にも私と握手してくれた唯一の長官でした。あの感触は一生忘れません」

と、その時の感触を思い出すかのように、握手した手を摩《さす》りながら語る、当時国立公園に勤務していた元レンジャーもいました。

その大きな手で小原先生と握手した時には逸話《いつわ》がありました。「オ」から始まる姓はケニヤの西部に多く、オバラもまたケニヤ人の姓としてあるのです。小原先生がオリンド博士の部下だったチャベダ氏と約束してホテルで会う時に、てっきりケニヤ人だと思って、目の前にいる日本人の小原先生を認識できなかったというものです。当時は携帯電話もありませんでしたから、初対面の人と無事に会うのは至難《しなん》の業《わざ》だったようです。

オリンド博士と小原先生は、アフリカの野生動物を自然生態系において保護していく重要さを語る点では共通していました。オリンド博士はアメリカのミシガンで一九五〇年代から六〇年代にかけてワイルドライフ・マネージメントを学んでいますが、その理論的な基盤をもとにケニヤで実践的に国立公園や保護区の拡張のための交渉を成功させていきました。キリマンジャロ山の見えるアンボセリ国立公園、フラミンゴで有名なナクル国立公園などはオリンド博士が長官だった時代に設立した国立公園です。その偉業が認められて母校のアメリカのミシガン州立大学から名誉博士号を授与され、コンザベーション・オブ・ザ・イヤー（一九七一年）やポール・ゲティ・コンザベーション・プライズ（一九八八年）なども受賞しています。

この話に触れるとオリンド博士はやや遠慮がちに「時代だよ、チアキ」と言います。たしかに一九六〇年代から七〇年代のケニヤで、国の人口が現在の五分の一の八〇〇万人の時代だったから可能だった面もあります。現在のケニヤで当時行ったような交渉を成功させることは不可能でしょう。オリンド博士も小原先生と同様、時代に合った生き方をしてアフリカの自然保護のために活躍して成功を収めた人といえるのです。

教えを引き継ぐ

オリンド博士の業績はとても偉大過ぎるのと、時代的な制約もあり、継承できるものではありません。しかしその偉業を成し遂げた人からの教えは継承しているつもりです。先住民としてケニヤに育ち、自然観を広げて、アメリカでの教育を受け、それらの総合的な影響のもと、ケニヤ独自のワイルドライフ・マネージメントを確立していった姿勢には多くを学びました。

アフリカの野生動物の研究や保護といえば、必ずや先住民のアフリカの人たちよりも欧米系の白人が主体になっているかのような印象を世界的に与えることがあります。植民地時代の影響で、アフリカ諸国の独立後もヨーロッパ系の白人が優位な経済的地位にあることが関係しているでしょう。

オリンド博士は植民地時代のケニヤ、そして国として宗主国《そうしゅこく》のイギリスから独立した頃、さらに国として成長していくケニヤと共に歩んできていて、ケニヤの愛国心に満ちています。そのような経歴の持ち主ですが、独立直後のケニヤでもイギリス系白人と協調していく必要がありました。

オリンド博士がケニヤ国立公園庁の長官になったのは、ケニヤが国家として独立してから三年目の一九六六年です。アフリカ先住民としては初の長官でしたから、レンジャーなどの末端の部下を除き、上級職はほとんどイギリス系の白人が占めていました。白人たちと協調していかねば仕事は成立しませんでした。オリンド博士自身は、国立公園の白人スタッフばかりでなく、研究者とも協調して国立公園のマネージメントを進めていきました。

そして当然のことですが、先住民といえど全員が良識派というわけではありません。オリンド博士の要職からの失脚やケニヤの政治的な動きは、ケニヤ生まれのケニヤ育ちのアフリカ人たちが進めたものなのです。オリンド博士は口癖《くちぐせ》のように「野生動物はケニヤでは政治なんだよ」と言っています。

政治が嫌いな私はその世界には一切足を踏み入れることはありませんでした。が、オリンド博士は政治にも挑戦しました。地方区から立候補したのです。惨敗《ざんぱい》でした。この政治への熱の源は政治さえ変えれば野生動物の状況もよくなるという思いだったようです。ケニヤではイギリス系白人のリチャード・リーキーが野生動物から政治の世界に入りました。タンザニアなどでも、野生動物の要職から政治家となって活躍している人もいます。しかしオリンド博士は政治に入らなくて良かったと私は思っています。政治的な部分はいっさい教えにはならず、また学ぶこともありませんでしたが、新奇なことに挑戦したい前向きな姿勢を見ることは勉強になりました。

そのような方向とは別に、先住民として自然保護に関わっている最古参のケニヤ人、オリンド博士より最も学んだことは、先住民としての目でした。オリンド博士の実家は決して裕福ではありませんでした。が、いくつもの強運が重なって一九五〇年代にアメリカの大学に進学し、野生動物について学ぶことができました。その経験は、後に長官となった時に、子どもたちに自然保護教育が必要であるとするこだわりとなったようです。一九六〇年代の後半から七〇年代前半にオリンド博士が長官だった時、ケニヤ国立公園が子どもたちのために無料のバスを出し、それに乗ってケニヤの国立公園を回り、自然生態系に生活する野生動物たちを観せたのです。その感激は多くの当時の子どもたちに深く焼き付いているようです。当時子どもだった人たちはすでに四〇歳代から五〇歳代になり、政府の要職に就《つ》いたり、会社の重役になったりしている人もいます。

「そういう人たちが、自然保護に熱心になっていくんだよね。子どもの頃にアフリカの自然保護のための種子が撒《ま》かれ、ケニヤの野生動物を保護しようとする下地が子どもの頃に敷かれているからこそなんだね。それが数十年かけて育っているんだよ」

とオリンド博士は、アフリカの自然保護、ケニヤの野生動物保護のための大きな基盤をつくってきたことを嬉《うれ》しそうに微笑《ほほえ》みながら語っています。

残念ながらケニヤ国立公園による子どもたちの訪問プログラムは、オリンド博士が長官だった時代で終了してしまいました。その後はNGOなどの個別の支援による訪問に形を変えていくことになりました。

アフリカの野生動物を含めた大自然は世代を超えて、地域の住民の理解と体験のもとに守られていく、そこが大きなポイントであることをオリンド博士は強調し、実践していました。そのためには何度でも辛抱強く交渉を行いました。押し付けではなく、地域住民が理解を示していくための協力を教育を通して行うことが重要であることは、現代でこそ一般的になってきています。しかし、地域住民が野生動物保護のために犠牲になってもよいという考えが主流だった時代には、斬新《ざんしん》な方向付けだったのです。もちろん地域住民といえど政治家もいれば強欲な人もいます。現場ではまさに闘いとなるような状況もあったようです。小原先生はよく冗談で、「アフリカの永遠の長官、野生動物のために戦うオリンドだね」と言っていたものです。現実には諸々《もろもろ》の難題とその対処がかみ合わないこともあったようですが、前向きにアフリカの野生動物と自然保護のために奔走《ほんそう》する、その精神から学ぶところは大いにあり、気がつけば私自身にもその企画力、交渉力や問題解決力が身についていたのです。アメリカのミシガン州立大学大学院の先生たちは、そういう私を見て、「交渉力、現場での解決の仕方、押しの強さに関しては、チアキはオリンドの娘だよね」と言ってよく笑っていました。

つなぎの先生

理論的なところと実践的なところのつなぎを教えてくれたアメリカでの先生との出逢いも大切でした。

初めてミシガン州立大学のカバーン教授に会った時に、まず目についたのは机の上に「考え中。邪魔しないでください」と書いてある卓上プレートでした。

カバーン博士は私の大学院時代のアドバイザーでした。私の父に年齢が近かったので、おじいさん先生に見えました。年取って見えたのは、みかけもあったかもしれません。がっちりとしたやや太めの体格をして色白のカバーン氏の髪は多いのですが、シルバーグレイで、はっきり濃い眉毛《まゆげ》をしていました。私の父の髪がまっ黒で白髪が全然ないのとは対照的でした。私の父は戦争経験があり、私がアメリカの大学院に行く話をしたらひどく嫌がったという話をしたところ、「そうですよ、チアキのお父さんたちは私たちの敵でしたよ、でも昔の敵は今の友ですよね」、と大きく笑っていたのを思い出します。

話をする時に、両手を大きく広げたり、左右にゆすったり、あちらこちらにポーズつけて話すのが癖《くせ》です。カバーン博士と長く付き合っているうちに、この癖は私にも移ってしまい、とりわけ英語で話す時は、いつも手で大きくジェスチャーするようになってしまいました。

カバーン氏の専門は湖沼学《こしょう》です。フィールド経験が豊富で、フィールド研究には理詰めではわからないことがたくさんある、だから現場を繰り返して見ることが必要だ、しかし、それでも、現場を何回も何回も歩いてもわからないことがたくさんある、そこに研究の意義がある、とよく私にアドバイスしてくれた先生でした。理論を学んだ小原先生と実践を学んだオリンド博士とのつなぎとなる教えを受けたように思います。

「何処《どこ》に行っても、現地、フィールドに長くいる人の意見に耳を傾けるのが一番大切なんだよ」

と言うカバーン氏に対して、

「ケニヤも現場を見て欲しいです。是非、フィールドに来てください。ツァボの私のフィールドを見て下さい」

と説得したところ、教育ツアーの開発に力を注いでくれるようになったのです。

一九九四年、教育ツアーのプログラムの作成のための視察にカバーン博士らがミシガンからケニヤを訪問することになり、オリンド博士とアテンドしました。

その時に地域住民の支援をしていることを説明しました。当時は支援を始めてから一年ほど経った時でした。ツァボ・イースト国立公園の周辺地域にあり、野生のゾウとのトラブルがあるビリカニ村の女性たちの会を案内しました。ミシガンの先生たちはコミュニティーのプロジェクトを高く評価してくれました。当時は、野生動物の保護やワイルドライフ・マネージメントのために地域住民を支援することは、まだ助走の段階でした。教育ツアーに取り込むのには難しい雰囲気がありました。ですから好評だったことは私への勇気づけとなりました。

教育ツアーのプログラムに地域住民の支援の場を入れることになったのは、ミシガンの先生たちのおかげなのです。

カバーン博士のビリカニ村の訪問にはエピソードがありました。

ビリカニ村の女性たちの会を訪問した時に、村の学生がひとり同席しました。当時二四歳の男子で、先生になるための学校に通っていました。しかし資金が足りず、あと少しにもかかわらず、卒業の見込みが立たずにいたのです。

流暢《りゅうちょう》な英語で礼儀正しく真面目に話す彼に、カバーン博士は好印象を持ちました。

そして、アメリカに帰国してから私を通して、あの学生の学費の一部を支援したい、と申し出て、支援が実現しました。通信事情も送金事情も大変悪かった時代の話です。学生も感謝しつつその後の連絡が長く途絶えてしまいました。

二〇一五年九月のことです。

支援しているビリカニ村で子どもたちに話をしていたところ、ある男性がやってきました。

見知らぬ男性に、だれだろう、と私は訝《いぶか》っていると、

「チアキですね、覚えていますか？　相当前になりますけど…」

とその男性は話し始めました。

「私の学費を出してくれたアメリカ人の先生はお元気でしょうか？」

と話が始まると、私もすっかり忘れていた彼の顔をぼんやりと思い浮かべて、今、目の前にいる彼と顔を重ね合わせることができました。

「あ〜あの時の…。髪が少し後退しましたね、それに少し太ったみたいですし、そうですよね、もう二〇年以上前ですものね」

と言うと、

「ずっと会いに来ようと思っていたのですが、学校で教えているものですから。平日にはこちらには来れずにいたのです」

「今日はどうして来られたのですか」

と聞くと、ケニヤの先生たちのストライキで学校は閉鎖していて、家に待機している、とのことでした。ストライキは残念なことですが、訪ねて来てくれる時間ができたことは幸いでした。

「無事先生になったのですね」

彼は地元の高校の先生をしているとのことで、一歳半と四歳の子どもの父親にもなっていました。

小さな支援が実っているのだな、と嬉しく思いました。

カバーン博士の小さな支援の態度は、少しでも力になれることを実践することの重要さも教えてくれていたようにも思います。

研究の面では理論と実践と、そしてそのつなぎと、私は人間の恩師たちとの出逢いに恵まれていました。

人間の恩師たちはこれで終了です。後にも先にもこれ以上恩師と呼べる人間の先生たちは出てきませんでした。我が恩師たちの残り半分は野生の生活の中にいるのです。野生のゾウと糞、大型野生動物たち、そして原生自然と自然生態系が我が恩師たちなのです。

「自分以外はすべて恩師」と宮本武蔵が言っていて、それを渡辺和子さん（ノートルダム清心学園理事長）は実践していると述べています。私が人間社会の中でそこまで到達するのは一生かけても難しそうです。生身の人間としては相性を重んじてしまいますし、その相性の良し悪しの凸凹があるまま、人間としては一生未熟なままで終えそうです。しかし人間以外のアフリカの大自然、とりわけ私が長く過ごしているフィールドのツァボの自然に対しては、「人間以外の大自然はすべて恩師」と言い切れるのです。

大自然とは?

自然、あるいは大自然というと、どのような状況を思い浮かべるでしょうか。

自然とは何か、あるいは自然と大自然の違いなど日常生活では考えることもないようなことをふと考えて、日常生活から離れた世界をうろついてみるのも気分がよいものです。

自然とは何か、といった哲学的な問答を広大なアフリカの大自然を前に話したいところですが、ここでは私にとってのアフリカの大自然に焦点を絞って、体験談と思いつきの考えを披露《ひろう》したいと思います。

一口に自然、または大自然といっても、個人の経験によるところも大きく、個人により対象が異なります。陸も海も含みますが、私の関わっているフィールドである陸上に限って考えることにします。多くの日本人にとっての陸での大自然は、植物がある場所だったり、山から見える風景だったり、海辺や川、湖などに見る風景だったりします。それが人工的であるかどうかはあまり問題でなく、緑、つまり植物があれば自然とする傾向も強いのではないでしょうか。かろうじて原生林、それがある島なども含まれることもあります。が、野生動物そのものは排除して考えがちです。日本には成獣で一〇〇〇キログラム前後になる陸上の大型野生動物は生存していません。日本での経験にもとづく大自然のイメージは、私のフィールドのツァボ地域のそれとは大きく異なります。

もっとも私自身も、初めからこのように見えていたわけではありません。

私は東京で生まれ首都圏で育ちましたが、そこで日常生活を送っていた時にはどういう自然観に縛られているのかを考えることはまずありませんでした。自然といえば自分が生まれ育った環境そのものだと思っていたところもあります。小学生の頃は近くの里山となった林でしたし、学校に行く途中の畑や田んぼ、あぜ道でした。また山や海に行けばそれこそ自然だと思い込んでいました。農地や山地、里山は自然の代表でした。その意味では多くの日本人が抱いている自然観とほぼ同じでした。共通するのは大型野生動物は含んでいません。日本的な森林こそ自然だと思い、それらのほとんどが植林の人工林で原生ではないことなどは大学で学ぶまでは無知でした。自然といえば植物で動物を含まないという価値観は、生育環境でいつの間にか身についてしまっていました。

単身アフリカに飛び、人間の居住地を離れて人間とは会うことがないツァボ国立公園で野生のアフリカゾウを追いかけてフィールド・ワークに身を投じて体験して知った世界は、日本で育った自然観を根底から揺れ動かしました。それが本当に地球に生きる人間の自然観か、と大型野生動物たちが生活するフィールドで何度も考えました。地球に人類が現れた時の原点に引き戻されて、原点に立ち、地球を見直すことを何度もするようになりました。

大自然の入り口に立っている者に対して、大自然は厳《きび》しけれど優《やさ》しい。そして冷たいけれど温かい。その繰り返しの中で私は学んだように思います。ちょうど親が子を育てるかのように、大自然は、人工物に満ちた社会、文明社会の垢《あか》に汚れきって人間俗物化してしまった私を洗い流して、原点から世界を体験的に感じ取ろうとする観点を開いてくれたのでした。

生まれ育つところは選べません。地球に生まれ、日本で育ったことは選んだわけではありません。そういう私が大自然の原点の見直しをできるようになったのは野生のゾウをはじめとする大型野生動物たちを観察する多くの時間を過ごしたことでした。多くの他の生物およびその環境や循環も、その角度から三六〇度の方向性で考えるようになりました。大型野生動物のいる自然生態系が私にとっての大自然の原点となっていったのです。

野生のアフリカゾウ

私も多くの日本の子どもたちと同様に、幼稚園から小学校の低学年までは動物園のゾウやキリン、カバは好みの動物でした。しかしとりわけ動物好きというわけではなかった私は、大学の実習で動物園に行くようになるまでは、動物園とは疎遠《そえん》になりました。ですから動物園動物のイメージは小学校低学年で止まってしまい、再び目の前に現れたのは成人になってからです。

子どもの頃に見ていたゾウもキリンもカバも、とても大きく見えたものです。人間の大人ですら大きく見える年代です。世の中にはこれほど大きな動物がいるのかと子どもたちは学びます。大人になってから見た動物園動物は子どもの頃ほど感激はありませんでしたが、動物園動物は動物に関心を持つきっかけをつくり、入口となる意味では教育的な効果があり、大切な役割があります。野生動物への関心を進めるための繋《つな》ぎの役割もあります。しかし野生動物と同じだとみなして、混乱してしまうリスクもあります。

私が初めて野生のアフリカゾウを観たのは大学を卒業して、バックパッカーとしてアフリカ大陸を放浪していた時でした。その時は動物園動物の延長にしか見ていなかったように思います。観察回数も時間も短く、かつ何の導き手もない観光客としての訪問なのですから限界があったわけです。動物の一種として面白い、野生にいる動物という程度です。明らかに動物園動物と異なると認識できたのは、広大な大地を動く群れを見た時でした。その群れを見た感動は動物園動物と同じに見る混乱を避けて、動物園動物から離れるきっかけとなりました。そして、ツァボにフィールドを構えるようになって野生動物としてのアフリカゾウ、大型動物の世界を学んでいくことになりました。

まず大きさです。

陸上に現存する最大の動物です。フィールドで出逢うと、その大きさは本当に迫力があります。とりわけオスのオトナは大きいです。地域差はありますが、大きい個体では五五〇〇から六六〇〇キログラムあります。私は観察の際に四輪駆動車を使い、その中からひとりで観察することを強《し》いられます。車という「道具」のために強い人間でいられます。生身ではちっぽけな一匹の裸のサルなのです。動物園動物ではこれを感じることはできません。

野生のゾウとの出逢いでは柵もバリアもありません。車というバリアはありますが、強弱でいえば、車を除けば、野生のゾウが優位です。動物園ゾウでは柵をゾウが乗り越えて観察している人間を襲ってくることはないという暗黙の了解があります。その意味では飼育環境で人間の支配下にあり、どのような条件でもゾウは優位に立てません。

野生のゾウはまったく異なります。野生では常にゾウが優位なのです。私は銃を持つことも許されていなければ、いかなる殺傷の手段、道具も持っていません。どう向かっても生身ではかないません。その大きさが自然界できわめてひ弱である本来の人間の姿を改めて確認させるのです。

コミュニケーションの手段が異なることも、人間が中心でない世界を学ばせます。裸のサルの私たちは視覚が中心で多くの他の動物もその世界にいると決めつけがちです。ゾウは嗅覚《きゅうかく》と聴覚《ちょうかく》を中心にして生活していて、野生のゾウたちはその中でのコミュニケーションをしています。それを使ったコミュニケーションは視覚を中心とする人間からすると時にクールに捉えられます。ゾウやキリンなどの大型動物について私たちが抱いているイメージは、人間社会でつくられたものにすぎないと改めて気づきます。

大自然は人間が中心に動いていないことを身に染みて感じます。人間がいかに自然の世界を勝手に価値づけしているかが仮面をはぎ取るように見えてきます。

このような世界にどっぷり浸《つ》かっていると、人間中心に考えることはできなくなってきます。こうして人間とは距離を置いて、大型野生動物のいる自然生態系を大自然として、その立場から考える観方を体得していったのです。

ゾウの糞と匂い

「あれ、匂《にお》わない、動物園のゾウの糞の匂いがしない」

私が初めてフィールドで野生のゾウの糞を手にして匂った時の印象です。日本では研究生時代に動物園にゾウの糞を採取しに行き、その化学成分の分析をしていました。その採取時にはとても鼻をつく匂いに悩まされたものでした。もっとも、人間も含めて動物の糞は臭《くさ》いもの、人間にとっては好ましい匂いでないもの、とその頃は何の疑問もなく信じ込んでいました。ゾウを扱うのはそのようなものだと思い込んでいました。

しかしこれは飼育動物だからこそなのだ、とアフリカ、ツァボのフィールドで大型野生動物を相手に研究調査に着手して体験するようになりました。さらに言えば、糞は臭いもの、異物であるという感覚そのものも文明化された生活の中で心身に染み込んでしまっている感覚であることを、肌身をもって知ったのです。

野生のゾウ、そのほかの大型野生動物が地球の進化史に沿って、原生自然のもと、本来彼らがあるがままに生活している姿を観ることができます。そこで共に過ごす日々です。年月が長くなるほど心身共にその世界に深く入り込んでいきます。野生のゾウの糞からもまた、深く世界を広げていくことになりました。

私が糞に関心を持ったのは研究生時代です。もともと糞そのものに関心があったわけでもなければ、分析技術に秀《ひい》でていたわけでもありません。動物園のゾウの糞を分析して短期に身につけた技術で、野生のゾウの糞の世界へ飛び出しました。飼育のゾウの糞から学んだ分析技術は使うことができましたが、使えたのはそれのみでした。条件が一定の飼育のゾウとはまったく異なり、野生のゾウの糞では食物が違い、生活が違い、自然生態系の中に生きていると、ここまで異なるのかと思うほど違っていました。同じ種の動物のものとはとても思えないものでした。そして、家畜も含めて飼育下の動物をそのまま野生動物の比較対象とすることにはリスクを伴うことをまず実践的に学んだのでした。もちろん、大型野生動物のデータは採取に限界がありますから、論文などでは飼育下の動物のデータを一時的に借用せざるを得ません。けれど、それは人間社会での便宜《べんぎ》的な約束事である場合もあり、自然界、野生動物界での真実とは異なることも多いのです。それをまず野生のゾウの糞から強烈に学びました。

アフリカゾウの野生での消化率は判明していませんが、飼育下での消化率は約四〇パーセントほどです。飼育下でも食餌《しょくじ》のほとんどがそのまま糞として排泄《はいせつ》されています。野生のゾウでの消化率はおそらくその生活場所、食物としての植物の種、季節などにより変化して、飼育下での消化率とは異なり、ばらつきがあることが予想されます。いずれにしても採食した植物をダイナミックに排泄しています。野生のゾウの糞がよい香りとなるのは、採食植物である野生の植物の匂いが含まれていて落ち着くためなのでしょう。

糞の匂いと嗅覚

臭くないとはどういうことでしょうか。逆に臭いとはどういうことでしょうか。疫学者で獣医師のウォルトナー＝テーブズさんは著書『排泄物と文明』の中で、匂いの捉え方は人間の文化史と個人史などによって異なってくる、と考察して、進化史も関係させて説明しています。彼の専門は家畜ですので、アフリカの大型野生動物の糞を多く観察し、接触したとはいえないようですが、その意見には同意するところもあります。

私たちは通常意識せずにいますが、目で見る世界、つまり視覚に依存して生活しています。人間は動物の一種、ヒトとして見ると、他のサルと同様に視覚を中心に聴覚を補助的に使う世界にいるともいえます。嗅覚についてはそれらの器官に比べるとほとんど依存していないと言っても過言ではないでしょう。とはいえ、ヒトが識別できる匂い物質は数万種類を越え、約四〇〇種ある嗅覚受容体の組み合わせで匂いをかぎ分けているといわれます。

嗅覚に依存して生活しているアフリカゾウでは、この嗅覚受容体の数は約二〇〇〇種ほどになり、他の哺乳類と比べてもきわめて多くの数を持っていることがわかってきています（注2）。嗅覚受容体の数が多いほど多くの匂い物質を識別できる傾向があるといわれ、匂いの識別能力の指標ともいえます。

また匂いの感じ方にはかなり個人差があることがわかっているといいます。私個人の体験的な変化でいえば、野生でのフィールド生活が長いうちに、文明生活では経験することのないような匂い、野生のフィールドに入る以前には知らなかった匂いを無数に経験することにより、眠っていた脳の情報部分が活性化されたように感じられます。匂いの世界を知ることで、目で見える世界とは異なる世界が開けていきました。

野生のゾウの糞は、人間社会の中にいる動物たちの糞とは明らかに異なる芳香《ほうこう》、安心できる匂いを放っています。目で見る糞よりも匂いで知る世界により安心感があります。

なぜ芳香に安心できるのでしょうか。

なぜ悪臭には抵抗感があるのでしょうか。

ウォルトナー-テーブズさん流にいえば、個人史、文化史による面がありそうです。

悪臭というのは違和感以上に嫌悪《けんお》感を覚える匂いかと思います。なぜ嫌悪を覚えるかといえば、それが私の生活を脅《おびや》かす、時には破壊すると感じるからではないでしょうか。嫌な匂いというのは、私にとっては自然から離れた匂いです。不燃物の匂い、それらが燃える匂い、排水の汚染水など人工物に満ちている匂いは人間社会にはたくさんあります。一方、育児をする母の中には赤ん坊の便が芳香と感じる人もいます。生活として許容している枠の外にあり、それが侵入して襲ってくるような脅威や違和感が臭いとしてブロックするのではないかと思います。その程度はまさに個人差、文化の差があるようです。いわば個人ごとの自己防衛的な反応なのかもしれません。

動物園のゾウ、飼育動物の糞の匂いは、野生の動物の糞とは明らかに異なるのです。飼育動物と野生動物では環境が異なります。飼育条件では、野生の条件で食べるべきものは採取できませんから、生理的機能も野生の条件とは異なってしまっていることでしょう。また飼育条件での閉鎖的な空間は、野生の生活条件とは大きく異なり、そこから発する匂いも異なってきます。

野生のゾウの糞を日々観察して接しているうちに、飼育の生活条件と野生の生活条件での違いが匂いにも関係しているという観方ができるようになりました。それまでは、頭で理解していても体ではわかっていなかったのです。野生動物は糞から違うのだと、野生のゾウの糞から教わったのです。

ゾウの糞は、野生のゾウそのものと共に、私にとってのアフリカの大自然への導き手だったといえるのです。

大自然はすべて恩師

自分自身がもはや小さな点になってしまうほどに、原生自然が自然の原点であると言い切るようになったのには、ツァボでの強烈なフィールド体験の積み重ねがあります。人間と会ったり、人間社会にいる時間よりも、圧倒的にフィールド観察の時間が長い日々を五年以上過ごしました。野生のアフリカゾウをはじめとする野生動物のいる自然に身を投じている時間が日常生活そのものだったのです。

家畜やペットのように同じ個体、同じ時刻に登場するわけではありません。人間から見ると不規則と思える時間の中で、野生動物は彼らなりの規則と時間で生きてるのがよく見えてきました。

人間が地球に存在していなければ、どれほど調和の取れた自然があったであろうと想像させるような世界が、ぐんぐんと目の前に広がりました。その光景は、まるで野生生物たちが人間に罪悪感を抱かせるために仕組んだ原郷のようにすら感じました。

そして、口頭や文章、写真では伝えにくいが伝えなければならない、地球生態系の原点にある自然として継承し続けなければならない自然。自然生態系という時の自然は原生自然で、これこそが地球の自然の本来の原点なのだとようやく体得したのです。そこから自然も人間も考えるようになりました。

原生自然という認識は、私自身が人間文明社会に開発された地からはるばる来て衝撃を受けたから出てきたものだ、人間が社会開発しなかった頃の自然を見ている、そこに触れているというショックを受けた故《ゆえ》にでてきたものに過ぎない、という自己問答もしてみました。

もちろん理論的には「原始」自然や「原」自然は地球上には存在していないともいえます。人間社会が地球上の多くを直接的にも間接的にも破壊してきました。陸上に限っていえば、人間社会が農耕を開始する頃、一一〇〇〇年前あたりの地球の自然、もしくはそれ以前の姿など、現在の地球には存在しません。しかしこれは頭での理解です。これが体験と一致するかという私の自己問答は続きます。

凝《こ》り固まった頭を年月をかけて大きな金槌《かなづち》で思いっきり叩かれ続けているような衝撃は何なのでしょうか。私だけではありません。私と一緒にツァボの大自然に触れた人たちが皆同じような衝撃を受けるのです。これは大自然との新陳代謝《しんちんたいしゃ》のようなものではないか、と思うのです。生きている人間の中にある生物、野生動物としての自分と、それがあるべき自然環境に近い世界に全身が接触した時に蘇《よみがえ》る代謝活動のように感じられるのです。小原秀雄先生の言う「内なる自然」が蘇る感覚なのです。

「原始」自然はこの地球には現存しません。しかしそれでは、今、目の前に見ているものは何なのでしょうか。農耕社会を開始する頃の地球の自然に限りなく近いと言ってよいのではないでしょうか。「原始」自然というより原郷に生きる自然という意味で、「原生」自然が近い表現と考えるようになりました。

こうした考えの変遷《へんせん》は、私の「つぶやきノート」に見られます。「つぶやきノート」は大自然との新陳代謝をしながら浮かんだ思いや考えを書き綴《つづ》った未発表ノートです。それによると、二〇〇六年以前は「原始自然」と書いていました。途中から「原始」ではなくて「原生自然」と表記するようになっているのです。当時は意識せずに移行していますが、今考えると、それなりに自分自身の中での移行があったように思います。その辺は今後また、大型野生動物のいる原生自然の中で思考を深めていきたいと思っています。

私自身は哲学者でもなければ思索家でもありません。しかし私のような思索に関しての凡人でも、人間社会から距離を置き、原生自然の中に生き、その世界を自分の中に発見して見つめることによって、突き動かされるようにさまざまな思考が進んでいくのです。文明の発展からすれば人工物に覆《おお》われた現代の人間社会は最も進んでいるはずなのですが、古代ギリシャや中国、そのほか多くの地域で思想、哲学が多く生まれ、かつ何故《なにゆえ》今日でもなお新鮮なのでしょうか。もしかしたら「人間以外の大自然はすべて恩師」だったところから生まれたのではないか、と思うと楽しくなります。私はそのような人たちとも時を共有しつつ、凡人なりに考えを深め、恩師たちとの対話を続けたく思っているのです。

（注1） 本書では、私の恩師といえる人たち、岡本三男先生、小原秀雄先生、カバーン博士、オリンド博士には、文中、私との関係を明確にする意味で「先生」と「博士」と称号をつけています。第五章では大学院時代のアドバイザーだったカンパ博士にも「博士」とつけました。それ以外は博士や教授の称号を持っている人たちでも、すべて「さん」で統一しました。

（注2） 嗅覚の研究は解明されつつある現在進行中の分野で、将来の展開が期待されているところです。

第三章　私にとっての大自然

伝えたい大自然

「あの地平線の果てまで人間はまったく住んでいません。野生動物の世界ですよ」

目の前に広がるのは六〇キロ先の地平線まで延々と高木と低木の林に覆《おお》われた大地です。それを見ながら、教育エコツアーに参加した人たちへ私はフィールド談話を進めていきます。

「なんていうんですか、初めて訪れた場所なのに懐《なつ》かしい感じがしますね。私の中の原始時代からのＤＮＡが揺さぶられている、っていうんですか、自分ではコントロールできない奥深いところにあるものと出逢った感じがしますね」

と、ぽつりと印象を語ったのは獣医の加藤智子さんです。

その加藤さんの向こうに広がる地平線をなぞるようにキリンの群れがゆっくりと歩いてきます。それを観ている小柄で細身、目が大きくて小さな顔の加藤さんが、群れの中に溶け込んでしまいそうです。

加藤さんは大学時代の親友の畑段千鶴子さんと初のアフリカ訪問を実現しました。畑段さんは加藤さんとは対称的な顔立ちで、がっちりとした体型をしています。大学を卒業して就職したも

のの人生に迷いを感じていた時の訪問でした。畑段さんは、

「人間がほとんどいまだに介入していない大自然を目の前に観て経験すると、地球に生きていくことに謙虚《けんきょ》になりますね」

と、ツァボの自然に出逢ってカルチャーショックならず、ネイチャーショックを受けていました。

二人とも北海道の酪農《らくのう》学園大学の卒業生ですので、北海道の自然は十分に体験していて、それこそ大自然と思っていたそうです。が、地球の大自然のスケールと内容の違いに心酔《しんすい》していました。

「でもこの大自然の姿は伝えたくても、現地を訪問しないとなかなか伝わらないですね」

と、伝えたいけれど伝えにくいジレンマもつぶやいていました。

「まず音が伝わらないですよね」

と加藤さんは言います。

「キリンの走る音。食べる音。『音』は耳で聞くものじゃなくて体で感じるものなんだって全身で感じますね」

たしかに音を話で伝えるのは至難の業です。しかしこの音も大自然をつくっているのです。そして匂いです。

「こういう音と匂い、これは伝えたくても伝わらないですね」

と、畑段さんは体いっぱいに感じる匂いをどう表現したらよいのか、戸惑《とまど》っているようです。獣医として二人とも北海道で多くの家畜、動物園動物、小型の野生動物を扱っているのですが、そこで感じる音と匂いはいかにも人間社会の中のものなのだと、ツァボの大型野生動物の世界に入り込むと感じているようです。

実際に私も伝えたいけれど伝わらないジレンマはいつも抱えています。

彼女たちが感じたように、五感、全身の感覚を使った体験を人間のコミュニケーションで伝えるのには限界があります。人間は視覚に依存し、人間同士の間での音声に意味を持たせて聴覚でコミュニケーションをしていることを通常の人間社会の生活では忘れています。視覚や聴覚が不自由な方々でも、それに類似した機能を生かすコミュニケーションを営《いとな》んでいます。

しかし、むき身の一生物の種として大自然界に放り出されると、これらが偏《かたよ》った感覚のように思えてきます。それほど多くの感覚が、体全身が自然界に開かれます。大自然に生きているというのは、ここまで感覚が研《と》ぎ澄《す》まされていたのかと全身で感じるのです。まさに加藤さんが言っているように、音を体感するし、匂いを体感するのです。

これがアフリカの大自然だ、というのは残念ながら日本にいては感じることができません。しかし、頭で何とか思い描くことはできるのではないでしょうか。映画や動画、写真など、あるいは体験談や本、講演会なども想像をかきたてる入り口となることでしょう。

野生のアフリカゾウは違う

その入り口に立ってふと考えてみると、明らかに異なる大自然、日本から訪問するとネーチャーショックを受けるような大自然は何故《なぜ》残っているのかと疑問になります。スケールの大きな人間の居住しない広大な空間が生活場所。馬、牛、豚、などの家畜や飼育動物ではない、ゾウ、キリン、シマウマ、バッファローなどの大型野生動物たちが生活している自然、その生態系。それがここでは大自然です。原生自然ともいえます。この大自然が今日まで残っているのはアフリカ大陸のサハラ砂漠以南、とりわけ中央部、東部、南部にかけての地域にかけてです。何故この地域に残っているのでしょうか。

アフリカの大自然の創造者《そうぞう》の一種と私がみなしているゾウについて、アジア地域のゾウとの比較からアフリカの野生のゾウを見てみましょう。

アジアではゾウは飼育化が成功して人間に利用される動物となっているものが多くいます。そのようなアジアゾウは人間の使役《しえき》の道具となり、人間の生活の一部となっています。アジアとアフリカでは自然および社会の諸条件が異なります。どのような条件にあっても飼育動物は人間の手が入ってしまうので野生動物とはいえません。一方、アフリカのゾウではアジアのような飼育はいまだに成功していず、人間のための使役を行っているゾウはいません。野生動物のまま生活しています。みなし子動物のようにビジネスや展示のための半飼育動物が数十頭ほどいますが、アジアゾウのように人間の生活の一部となっているゾウはいません。

ちなみに、アフリカのゾウとアジアのゾウは分類上は異なります。一七五八年にゾウが分類上、命名された時にはどちらもひとつの学名で *Elephas maximus* でしたが、六九年経った一八二七年になって、アジアゾウにはその学名を残し、アフリカゾウには *Loxodonta africana* の名がつけられました。アジアゾウの *Elephas* はギリシャ語とラテン語の語源でとても大きな弓型という意味があります。一方のアフリカゾウの *Loxodonta* は歯にある菱《ひし》型の形状からつけられています。近年になってアフリカゾウはさらに二種に分かれました。サバンナゾウ（*Loxodonta africana*）とマルミミゾウまたはシンリンゾウ（*Loxodonta cyclotis*）とは別種であろうことは以前から言われていましたが、シンリンゾウ（マルミミゾウ）は亜《あ》種として扱われてきました。二〇一二年になって分類上も別種として扱われています。私が主にフィールドとしている、東アフリカのケニヤの東南部のツァボ地域に生活するゾウはサバンナゾウです。

サバンナゾウにしてもシンリンゾウ（マルミミゾウ）にしても、アフリカのゾウは人間の道具とはなりませんでした。歴史的に試みられたにもかかわらず、なぜ飼育化しなかったのでしょうか。そしてそれはアフリカゾウだけなのでしょうか。

家畜化、飼育化されなかった大型野生動物

大自然の自然生態系をつくっている大型から中型の野生動物のシマウマ、キリン、カバはどうでしょうか。いずれも飼育化されませんでした。実は野生動物が飼育の対象から免《まぬが》れたことも、

アフリカ大陸に野生動物を残す理由となったのです。大型から中型の野生動物が生活している自然生態系がアフリカの大自然の原点といえます。原点はまず飼育化されない、野生動物が野生動物のままであることにより維持されてきたのです。

とはいえ、野生動物と飼育動物、家畜の違いは、日本で生活しているとわかりにくいかもしれません。アフリカの大自然に馬、牛、犬、猫がいても不思議に思わない人も多いかもしれません。大自然では家畜は人間と同様、破壊者になってしまいます。家畜は馬や牛、豚、あるいはペットの犬、猫を見てもわかる通り、人間が都合《つごう》よく利用して人間に役立つように、野生の原種を飼育しながら選び出し、繁殖《はんしょく》コントロールを繰り返して、品種改良したものです。人工的な環境で淘《と》汰《う》され、適応し、進化してきています。飼育動物は品種改良まではいきませんが、家畜では異種といえる改良種を人間がつくりだしてきました。したがって野生動物としての原種と家畜はまったく異なってしまっています。家畜を大自然に入れるということは、人間が踏み込んで破壊していくのと同じなのです。

自然環境と人工環境が異なるように、大自然の自然生態系の中では野生動物と家畜はみかけは同じですが、大きく異なります。野生動物が家畜化された世界は大自然とは言い難《がた》いものとなりますし、飼育動物や家畜が入り込んだ場合にも大自然から様相を変えていくことになります。サハラ砂漠以南のアフリカ大陸では、原生の野生動物が飼育動物とならないばかりでなく、家畜化もされませんでした。サハラ砂漠以南のアフリカ大陸の牛、馬、犬、猫などの家畜は大陸の外から人間が持ち込んできたもので、もともといる野生動物が家畜となったものではありません。そして飼育化も家畜化もされなかったために原生自然が残ったのです。

大自然はアフリカの原生自然と私が呼んでいるもので、大型野生動物が生活し、人間社会の直接的影響が無い、もしくは限りなく少ない自然を指しています。そこでは野生動物が人間によって飼育化されず、家畜にならずに、つまり人間の支配下に置かれずに生き長らえてきて創り上げてきた自然があります。

なぜアフリカ大陸に大自然が残っているのか

家畜化や飼育化に成功しなかった理由は何なのでしょうか。

この理由についてはジャレド・ダイアモンドさんが『銃・病原菌・鉄』で持論を展開しています。家畜にすることが可能で、四五キロ（一〇〇ポンド）以上ある陸上の哺乳類《ほにゅうるい》は世界中に一四八種いますが、そのうちアフリカ大陸のサハラ砂漠以南には約三分の一の五一種がいます。ところがどの種も家畜化されませんでした。シマウマもライオンも、イノシシもバッファローも、もちろんゾウもキリンも家畜にはなりませんでした。その理由をアフリカの野生動物そのものの特徴にあるとダイアモンドさんは考察しています。家畜とするには、採食物の摂取《せっしゅ》の効率が悪いこと、成長速度が遅いこと、繁殖上の問題、気性、パニックになる性格、序列制のない群れとなることなどの特徴が野生動物の家畜への道を妨《さまた》げた要因として挙げています。

世界中には家畜になる可能性がありながら家畜されなかった野生動物がいます。その理由を、一世紀ほど前に統計学者だったフランシス・ゴルトンさんは、ほんの小さな理由で偶然に家畜化されずに永遠に野生となった、と言っています。ゴルトンさんは人間に関しては優生学の創始者ともいわれ問題が多かったのですが、家畜と野生動物についての見解には一目《いちもく》おけるのではないかと思います。

野生動物からすればたまたま運よく人間による奴隷《どれい》化、つまり家畜化の攻撃の的《まと》からはずれたというわけです。偶然と幸運の賜物《たまもの》として野生動物として生きながらえているといえましょう。

地理的には、アフリカ大陸が南北に長いために自然環境の変化が激しいことがあります。日本列島も南北に長いですが、南の端と北の端ではかなり異なります。それをアフリカ大陸の広さにして想像し、かつそこを南北に移動していくことを考えてみてください。家畜化した動物を連れている人間が、家畜とともに越えられない自然環境の壁があったでしょう。例えばツェツェバエは家畜と人間の進行を阻《はば》みました。その結果、人間は新天地へ家畜を連れて入り込むことができなくなりましたし、そこにいる野生動物を家畜化することもできませんでした。野生動物からすれば偶然ツェツェバエがいたために、人間に支配されずに、また家畜化されずに済んだわけですから幸いでした。

このように、地理的な偶然、そこに生息する野生生物の関係、生態的な偶然、そして野生動物の種個体群の特殊性など多くの小さな偶然が重なり合って、飼育化と家畜化を免《まぬが》れたのでしょう。

大型野生動物が家畜動物や飼育動物にならなかったこと、つまり人間に従属せずに生活を守り通せたのはいろいろな条件の組み合わせによる運の良さだったようです。

そしてそれが大自然の自然生態系、つまり原生自然の存続に繋《つな》がったわけです。

しかし、その運の良さは、人間社会が殺戮《さつりく》のための武器を持つと状況が変わってきます。大型野生動物たちにとっては家畜化ばかりでなく、武器によって殺されることで野生動物として生き残る道を絶《た》たれることになります。

それにより原生自然が少しずつ変容していきます。

野生動物の狩猟は、道具としての武器を利用できるようになった人間社会の当初からありました。南北アメリカ大陸やオーストラリア大陸では、一三〇〇〇年くらい前、人類が大陸に移住して家畜にされる以前に、家畜化の候補だった野生動物たちのほとんどが絶滅しています。アフリカ大陸では、紀元前三〇〇〇年くらいから人間社会が大陸内を移動するのに伴ってなされた狩猟と農耕のために野生動物の生活場所が破壊されることによって、地域的には野生動物の種の減少や絶滅がもたらされてきました。アフリカ先住民と野生動物の共存が見られる場合は先住民の人口が少なかったことも関係しています。

野生動物にとっては、先住民であろうと入植者であろうと、放牧民、遊牧民、農耕民といずれの生活を営んでいようと、所詮《しょせん》人間は人間です。彼らにとっては人間は長い間破壊者といえます。

その破壊力が加速していくのは東アフリカではアラブ系の商人が大陸に入り込んでくる一一世

紀、さらに一五世紀末のヨーロッパ人の上陸、その後の入植、一九世紀の植民地化の時代に沿って、銃を武器として野生動物を狩猟するようになってからです。衣食住のためのみでなく、毛皮や角、象牙や頭部を装飾品として用いる蓄財のためのトロフィー・ハンティング、娯楽のためのスポーツ・ハンティングが主流でした。とりわけ道路や鉄道の開発は入植者たちの動きを活発化していきました。当時は大型野生動物は、アラブ地域やヨーロッパ地域から来た人間から見ると自国に比べれば無限と思えるほどに生存していました。それらが減少することなど想像もできなかったのでしょう。銃による狩猟によって瞬《また》く間に減少していきました。ようやく危機感を覚え、保護のための施策が講じられるようになったのは二〇世紀に入ってからです。野生動物保護のための国立公園の設定でした。勝手に大陸に入り込んで原生自然を荒らしまくったヨーロッパ植民地による遺産です。植民地時代の遺産をすべて否定する人たちは国立公園もまた押しつけであると言います。国立公園など守る必要はない、野生動物を保護する必要はない、という意見は根強く残っています。

しかし、野生動物からすれば、国立公園およびそれらと同等の野生動物保護地区は当時の避難場所でした。本来の生活を維持できる安全な場所となりました。さらに国立公園として設定された周辺地域の住民の人口が少なかったことが関係します。地域住民とのトラブルは最小限でした。その結果、原生自然に限りなく近い自然生態系を残せる条件が整いました。その意味では、人間社会から後世に向けて継承する価値のある遺産ともなりました。こうして、アフリカ大陸は大型

ゾウの家族

野生動物の生存する自然生態系が残る場所となったのです。

アフリカゾウと自然生態系、生物多様性

私自身がゾウの糞と採食物の研究からアフリカゾウの世界に入っていったこともあり、ゾウの糞からみる自然生態系、大自然にはこだわりがあります。そのこだわりから自然生態系、大自然、そして生物多様性との関係が見えるようになりました。

野生のアフリカゾウの社会は基本的には女家長制です。メスのオトナを中心とする血縁の群れまたは家族をつくり、ツァボではひとつの群れが三頭から一二頭前後、さらに大きな群れで生活して社会をつくっています。オスは八歳から一四歳くらいになると群れを離れて単独でうろつきますが、オスだけのペアやグループ（バチェラーグループ）をつくって動くこともあります。体重は平均で五〇〇〇キロ（オトナのオス）から二八〇〇キロ（オトナのメス）あり、森林や高木、低木を簡単に倒します。オスのオトナ一頭だけで、人間の大人の体重で七〇人分以上あるのです。それにより、森林だった地帯を切り開いてサバンナ草原への移行を助け、植生をダイナミックに動かしていきます。こうして草原にのみ生息する野生動物の生活場所を提供していく力があります。その自然の循環《じゅんかん》力は、短期観察者の人間からすると破壊的にしか見えません。また人間に囲い込まれた空間でも、循環力とはならずに破壊力に転じてしまいます。植生破壊者と呼ぶ研究者は多いです。

川底の水を掘りあてて他の野生動物にも使える水場をつくったり、シロアリによってつくられたアリ塚を壊してミネラルなどの栄養成分を他の野生動物が採食できるようにしたりします。ひとつの地域で採食する植物の種は百種前後になります。ケニヤと隣国のタンザニアとに連続するふたつの生態系、ツァボ－ムコマジ生態系（ケニヤの東南部）とマサイマラ－セレンゲティ生態系（ケニヤの西南部）で私たちが比較調査をした時の記録（未発表データ）では、ふたつの生態系で採食されていた植物の種の合計は二三八種（ツァボ四九パーセント、マラ四六パーセント、共通種五パーセント）でした。アフリカ全土に推定で約五〇万頭（二〇一六年初頭）のゾウがいるとして、それらが生活している地域の植生は地域生態系ごとに異なります。ツァボ生態系には一一〇〇〇頭（二〇一四年）が生息しています。アフリカゾウの一種のみで摂《せっ》食する植物は数百種、もしくは千種以上になります。日々の移動に加えて、雨季と乾季の変わり目には季節移動（マイグレーション）をして、動き回りつつ植生の循環と多様性の維持にも寄与するのです。

ツァボの自然生態系においては、アフリカゾウは生態系をダイナミックに動かしている礎石《そせき》種、またはこの種が絶滅すると他の野生生物も連動して絶滅して自然生態系が麻痺《まひ》してしまうという意味でアンブレラ種（傘《かさ》のように覆《おお》っている種）ともいえます。

採食された植物の三分の二以上が消化吸収されず排泄《はいせつ》されるのは、自然生態系にとってはとてもありがたいことなのです。ゾウは高木、低木からマメ科、イネ科などさまざまな植物の葉、枝、茎、種、刺《とげ》など、長い鼻を人間の手のように使いこなして、丸ごとざっくりと大きく食べます。私のフィールドにしているツァボでは、乾季よりも雨季になりますと、糞に種子が見られるようになります。比較研究のために調査をしたマサイマラ－セレンゲティ生態系のオルトメ森林のゾウたちの糞には乾季でも種子が含まれていました。一方で同じ生態系にいるサバンナ草原のゾウたちの糞には、ツァボ地域のゾウたちと同じように乾季の糞では種子はほとんど見られませんでした。

このように季節の変化や生活場所の違いによりゾウの糞は変わってくるのです。植生が異なれば採食植物も異なります。その結果排泄される糞も異なるというわけです。

ひとつの動物の種の糞に多様性があるのです。その多様性の源は植物の多様性と生態系に含まれる植物以外の生物、無機物のすべての多様性のエキスといえます。ツァボのように広大な生態系になると、ゾウの糞は多様性に満ちてきます。匂いが異なってくるのも特徴です。その多様性はツァボ生態系を反映しているともいえます。

採食物の消化器内での平均滞留《たいりゅう》時間については、野生のゾウについては不明ですが、飼育下では餌により二二時間から五四時間までばらつきがあります。ほぼ一日から二日以上滞留するのは発酵《はっこう》するのに要する時間との関係ですが、一日に一〇回から二〇回ほどの排泄を行い、一回に一塊《かい》あたり一キログラムから二・五キログラムある糞を五から八塊します。一日〜二日、広範囲に移動し、採食した植物を丸ごとお腹に抱えた後、移動した場所に糞として落とし拡散することが、生物の多様な循環を生み、維持しています。

例えばイネ科の草の強い匂いがする糞があります。イネ科の草の滞留時間が五〇時間から五四時間とすれば、二日以上経ってからの排泄です。滞留していることは発酵との関係もありますが、二日経った後に同じ場所にいることはなく、移動をすることも意味があります。植物の種子の移動に役立ち、その結果、植生をつくり循環させることになります。ツァボのサバンナ草原にはイネ科の草は約一〇〇種あります。その三割以上をゾウたちは採食します。

人間による確認作業では、野生動物の世界では当然のことに、到達するまでに多くの研究と実証が必要で年月がかかります。場合によっては数量的な実証は不可能です。しかし自然生態系の中で、野生動物の体内的環境と体外的環境も鍵《かぎ》と錠《じょう》のようにずれることなく組み込まれています。それは長期観察により見えてきます。

木の枝、葉、種子などが含まれる糞は木の香りが強くなります。その匂いは微妙《びみょう》に違うのですが、それらをかぎ分けて、ゾウの糞から採食した植物の種が予測できるほどに私の鼻はよくないのが残念です。ゾウたちは嗅覚《きゅうかく》でこれらをかぎ分けて、お互いの生活場所を決める手がかりにしているようです。フィールドでの嗅覚の研究は未開発ですので、将来実証されていく分野となるでしょう。

自然生態系は視覚で把握される世界だけではなく、聴覚、嗅覚、野生動物たちのすべての感覚で把握《はあく》されている生活場所が含まれています。人間が近づくためにはさまざまな研究分野の開発も必要でしょう。一方で、数量的な実証にのみ依存する自然科学だけでは入り込めない野生動物の世界があるのも大自然の魅力でもあります。

ゾウの糞と生物多様性

こうした多様な糞と深く関係するのが、ゾウたちがダイナミックに移動を繰り返していることです。日々の移動距離も相当なものですが、季節による大きな移動もあります。マイグレーションと呼ばれるもので、乾季と雨季の季節の変わり目に移動を繰り返すダイナミックな移動があります。同じ生活場所に定住化して動かないゾウが採食する植物の種類は限られてきます。当然多様性は失われてきて、糞も植物の芳香は残していますが単調なものになってきます。定住化してしまったゾウというのは近親交配をしている動物のようなものです。種の存続からも危険です。

多様性のある糞とゾウの消化生理機能、そしてダイナミックな動きは鍵と錠のようにがっちりとセットになっています。どれがなくなっても多様な植生、多様な生活場所は自然生態系で循環しなくなってしまうのです。

どれくらい移動するかについては現在でも追跡研究が続行しています。一日に一頭が動く範囲は個体差がありますが、例えばアンボセリ地域で追跡された個体では、約一四〇から二〇〇平方キロメートルほどを動き回っていました。約二〇〇平方キロメートルというと沖縄県宮古市、富山県魚津市、福島県相馬市ほどの広さになります。行動圏（ホームレンジ）についてのデータはきわめてわずかしかなく、地域差、個体差、性差さらに季節差などを分析できるほどのデータ数はありません。データが出るごとに数値の範囲が広がり、上限が上がっていく傾向もあります。追跡のための技術的な向上も関係しています。例えば、アンボセリでは三六〇〇（一九七六年）くらいと見積もられていたのが、後に六八〇〇、さらに七五〇〇平方キロメートル、そしてタンザニア側も含めると一一五〇〇平方キロメートル（二〇〇六年）と算出されています。日本の都道府県市の面積で言い換えるならば、奈良県や鳥取県くらいの面積くらいだと考えられていたのが、秋田県の面積ほどのようだ、ということになっています。今後もまだ見積もり数値は変化していくことでしょう。

もっとも生態系にしても行動圏にしても、人間が野生動物を理解するためにつくりだした概念である面もあります。野生のゾウにすれば、生態系だの行動圏だのといった枠組み自体が滑稽《こっけい》な線引きなのかもしれません。人間社会からの圧迫により、そのように住まわざるを得なくなりました。しかし、人間社会が邪魔《じゃま》をしなければ、どの地域のアフリカゾウも、人間が算出する範囲より何倍も広い範囲で自由に生活し、自然生態系を大きく循環させていたに違いありません。

物質的、数量的な分析は効率よく結果を出すので、あたかも完璧《かんぺき》なように見えます。けれども、本来の野生動物の生活に則《のっと》ったものであるかは議論が必要なところでしょう。なぜなら、野生動物の世界は物質的、数量的にきっちりと割り切れずにきわめて曖昧《あいまい》なところを多く含むからです。人間による分析は自然生態系の中の関係で捉えてこそ意味を持ちます。それは、ちょうど人間の病の対処療法が、生活そのものを総合的に診《み》た治癒《ちゆ》を行うとより効果を発揮する関係と似ています。

大自然の脇役としての糞

大型野生動物のいる自然生態系を大自然として見ると、その自然生態系の表舞台、つまり主役になっているのはゾウ、キリン、カバ、シマウマなど大型野生動物そのものです。ツァボ地域生態系には四〇種以上の四五キログラム以上の野生動物がいます。

その脇役として主役を支えているのは植物を摂食する野生動物の糞なのです。自然生態系を循環させる原動力が糞にはあるといえます。植物を摂食しているところが表舞台、消化吸収が中舞台、そして糞が裏舞台の脇役というのが、自然生態系から見た食の舞台です。

さまざまな動物のさまざまな糞があります。草食動物の場合には糞の源《みなもと》はいうまでもなく採食物である植物です。ちなみに草食動物という言い方は実は正確ではありません。草食という時の「草」は、イネ科の草のみを指します。実際に食べているのはイネ科の草のみではなくて、それを含めた多くの植物ですから、植物採食型動物というべきでしょう。草食動物という言い方が定着してしまっていますので、植物採食型動物という意味で草食動物という言い方を使い、ここでも通例に倣《なら》うことにします。

同じ植物を採食したからといって同じ形状の糞が出て来るわけではありません。ゾウはゾウとして、カバはカバとして、シマウマはシマウマとして、それぞれの種に特有の糞の形状がありま す。そのような糞の形状は、種としての消化吸収のしくみと関係があります。

ゾウの糞と形状こそ異なりますが、同じように採食した植物がバラバラと糞の中に見られて、人間からは非消化に見える糞は、フィールドではクロサイとカバで観察できます。この三種の消化吸収のしくみの共通点は反芻《はんすう》動物ではない点です。非反芻動物と言われます。ゾウとクロサイの胃《い》は人間や馬と同様ひとつの部屋になっていますが、カバは胃が四つの部屋に分かれています。

カバでは胃が四つの部屋に分かれていますが反芻はしません。しかし有蹄《ゆうてい》類のアフリカバッファロー、キリン、エランドなどは牛と同じように反芻動物で胃が四つの部屋に分かれていて、反芻や吐き戻しを行いながら発酵《はっこう》作用により植物体の消化吸収を行います。反芻動物の糞はよく消化されて練り込まれた粘土のようになっています。バッファローの糞はべったりとした練り状の円盤《えんばん》型のものです。キリンの糞はコロコロとした丸いサイコロのような形で、数十粒をボロボロと一回に排泄します。いずれも移動しながら排泄をします。

人間は動物の消化吸収や生理機能を中心に人間的に野生動物の食を解釈し、十分に消化吸収された後と見なせる糞に意義を見出しがちです。が、それらが自然生態系とどのように合致しているかを考えると、非反芻動物のゾウ、クロサイ、カバの糞の方が脇役として力量があるように思えます。

大自然は循環の中にあると見れば、反芻動物も肉食動物の糞にも化学成分の土壌《どじょう》への吸収による循環や他の動物への採食物としての役割があります。それ以外に、他の野生生物への多種多様の循環的な寄与があります。これらを量的に実証していくのは困難でしょう。断片的な情報の集約と長期観察を体験的に継続することで質的に思考を深めて、自然生態系における循環的な関係を見出していくことは可能だろうと考えています。

野生のカバと自然生態系

ゾウと同じような糞をする大型野生動物のカバとクロサイも、ゾウほどダイナミックではありませんが移動をします。カバはオトナのオスで一五〇〇キログラム前後、メスで一三〇〇キログラム前後で、ゾウの小型のメスの半分くらいの大きさです。カバ一頭分が人間の大人の体重にすると二〇人から三〇人分くらいになります。群れで川や湖、泉などの水の中で生活しますが、クジラのように水中のみが生活場所ではなくて、陸と水中を往復しています。水中に潜《もぐ》ったり体を水から出したりして生活します。昼よりも夜になると地上に出て、イネ科の草などの植物を採食します。

ツァボ・イースト国立公園ではカバの生活場所はガラナ川とその周辺になりますが、雨季になると川から出て数十キロ離れた水場や川などに移動します。オスは乾季と雨季の変わり目に雨が降っている時間帯をうまく利用して移動しているようです。どうやってここまで来たんだろうと思うような水場にカバが一頭から四頭いることがあります。乾季となり水場が干上《ひあが》るとカバはそのままでは死んでしまいます。乾季になる前に川に戻《もど》るのか、カバはいつの間にか姿を消します。稀《まれ》に水の残っている川沿いに歩いて、水場のある地域住民の居住地に出没してしまうこともあります。残念ながらその場合にはカバはコントロール（有害獣としてレンジャーに銃殺）されてしまいます。

カバの死は雨季に雨量が極端《きょくたん》に少ない、もしくはまったく雨が降らない状況（旱魃《かんばつ》）でも起きます。ツァボ地域では一九六〇年代、七〇年代に大旱魃が起き、六〇年代には三〇〇〇頭のクロサイ、七〇年代には六〇〇〇頭のゾウが死んでいます。それほど大きな旱魃ではありませんでしたが、最近では二〇〇九年の前半に旱魃に似た状況となり、ツァボ地域のツァボ・ウエスト国立公園のムジマ・スプリングでは五月からの四か月間に八〇頭のカバが餓死《がし》し、観光地でもある天然の泉は一時死臭でいっぱいになりました。泉に住むワニが死体を採食しました。この時期にはマ

水場のカバ

サイマラ地域でも五〇〇から六〇〇頭のカバが死にました。もちろん他の大型野生動物のゾウやシマウマも同様に死にました。
泉に死体が多く出た場所には、その後カバは観られなくなりました。二〇一四年と二〇一五年になって時々一頭、二頭のカバが観られるようになりましたので、また戻って生活場所とするのかもしれません。
カバは、人間社会ではアニメのムーミンのイメージや動物園でのイメージが固定していて穏《おだ》やかな動物だと思っているかもしれませんが、野生のカバは人間とよくトラブルを起こします。湖で洗濯《せんたく》をしていた女性が足を噛《か》みつかれたり、ボートに乗っているところをひっくり返されたり、カバをめぐる事故はよく起きます。
カバの糞はとりわけ雨季には非消化に見え

る状態で排泄されます。フィールドでは、ゾウの糞がフンコロガシなどによって散らばされた後とよく似ていて、フンコロガシが活発になる雨季の水辺近くでは見間違えることが時々あります。ツァボの乾季にはゾウと同様に糞からの植物の判別は困難です。カバは糞を川や水場、湖の周辺に夜になると大量にばら撒《ま》いています。

こうして水場とその周辺とを糞を通して循環させる役割があるのです。

カバの採食物は九五から九九パーセントが水辺の短いイネ科の草とスゲ類です。イネ科の植物をむしり取って採食する動物を草本採食動物(grazer グレイザー)といいますが、カバは典型的なグレイザーです。ちなみにアフリカの草食動物の採食の仕方は大きく三つに分けられます。草本採食動物(grazer グレイザー)のほかに、キリンなどのように木の枝や葉を採食する動物を木本採食動物(browser ブラウザー)、ゾウなどのように草本と木本の両方の混合型(mix feeder ミックスフィーダー)としています。余談ですが、ブラウザーはインターネットのブラウザーと同じ英語で、つまみ食いするという意味からきています。

最近ケニヤのマサイマラでなされた糞の化学分析では、マラ川と陸地との間の化学物質の循環にカバの糞が寄与している報告があります。実証のためのデータはこれから蓄積されていくことでしょう。いずれにしても、大型野生動物の糞は自然生態系の脇役を固めて、健全な自然生態系の循環維持に大きな役割を持っているのです。

クロサイの親子

クロサイの絶滅の危機

野生のゾウは広範囲の移動とマイグレーションとがひとつのセットになって糞が自然生態系に寄与する一方、カバは川や湖、泉などの水場と陸地の間の移動を繰り返すこととセットになってそれが起きていることを述べました。もう一種の大型野生動物で、ゾウやカバと似た内容の糞をするのがサイです。残念ながらフィールドで観ることは困難です。

アフリカ大陸にはクロサイとシロサイがいます。クロサイもシロサイもカバと同じかそれよりもやや大きめの体で、鼻の上に二本の角があります。シロサイは口の形が横に広く、イネ科の植物の草を採食するのに適しています。クロサイは唇がとがっていて、低木の葉や実、枝などをつまみ取って採食するのに適した形となっています。その形態と合致して生活する場所が異なります。シロサイは、草原を主に生活場所とする草本採食動物（grazer グレイザー）で、カバのように短いイネ科の植物をむしり取って採食します。クロサイは、主に低木林の多いブッシュに生活する木本採食動物（browser ブラウザー）で、低木をつまみ取って採食します。低木林に連続していて、低木が転々とあるサバンナ草原に姿を見せることもあります。

ツァボ地域にはクロサイが生息していました。過去形にしたのは、クロサイの進化史的、生態史的に生息していた種個体群は一九八〇年代より観られなくなったからです。地域絶滅ともいわれています。現在、ツァボにいるクロサイは一九八〇年代後半より他の地域から導入された個体です。

一九七〇年代までは、私が住んでいた調査小屋の前にクロサイがよく歩いていた、と聞いたことがあります。また地域住民たちからも一九七〇年代までは畑を歩くクロサイや、道を歩いていて襲《おそ》われた話を聞きます。ツァボ国立公園に長く勤めていたワーデンは現在五七歳ですが、生まれも育ちもツァボ地域です。子どもの頃にお父さんと一緒に道を歩いていて、クロサイに出くわし、猛烈《もうれつ》な勢いで追いかけられて、本当に死ぬかと思う恐怖を味わったと話しています。一九六〇年代には地域の人々が何気なく出くわす野生動物の一種だったのです。それが一九七〇年代に入ると激減しました。

原因はクロサイの角《つの》、犀角《さいかく》です。犀角はアジア地域で漢方薬の精力剤（性欲増強剤）として利用されており、そのために密猟されるようになったのです。またイエメンなどでの刀の鞘《さや》としての利用目的もありました。一九八〇年代後半にはクロサイは密猟によりすっかり姿を消してしまいました。

クロサイの密猟はツァボ地域だけではなく、アフリカ全体で起きたことでした。クロサイはかつてはコンゴ盆地を除き、サハラ砂漠以南のアフリカ大陸で見られました。一九六〇年代までに数を減らし約七〇〇〇〇頭になりました。一九八〇年代末までに九〇パーセント以上減少し、一九九三年には二四七五頭になってしまいました。ケニヤ全体でも約二〇〇〇〇頭だったのが一九八〇年末には六〇〇頭に達しないほどまで減少してしまったのです。

トランスロケーション、つまり他地域からの移入による応急措置《そち》が取られ始めたのはツァボ・ウエスト国立公園で一九八六年になってからのことです。外部からの導入と繁殖のためのライノ・サンクチュアリ（七三平方キロメートル）が建設され、密猟者から守るために周囲を電気柵《さく》で囲みました。一九九三年にはツァボ・イースト国立公園でもライノ・キャンプを開始しました。電気柵では囲わずオープンでの導入を行いました。クロサイは順調に繁殖してツァボ国立公園全体では一〇〇頭以上になりましたが、それでもなお密猟者に狙《ねら》われ続けています。

私が初めてアフリカを放浪した一九八〇年代の初めにツァボ・イースト国立公園を訪問しましたが、クロサイは観られませんでした。その時はゾウもクロサイも激しい密猟の下にあった時期だったのです。一九八九年に調査を始めた時はツァボ・ウエスト国立公園でのクロサイの導入が落ち着き、ツァボ・イースト国立公園での導入の検討がなされている時でした。クロサイをこの時期には観ていません。導入されたクロサイですらフィールドで観ることは稀《まれ》です。ツァボ・ウエスト国立公園のライノ・サンクチュアリでもクロサイを観られることは珍しいです。

野生の状態でクロサイと糞とがどのように生態系に寄与しているかを観ることは難しくなってしまったのです。

クロサイと自然生態系

人間の手が限りなく入っていなくて、大型野生動物が健全に生活している自然を原生自然としました。しかし密猟による傷は大きく、人間の魔の手が伸びた実例と言えます。それならばもはや原生自然ではない、アフリカ大陸の大自然ではないと言い切ってしまうのはあまりに頭で考えている世界だと思います。私もフィールド調査を開始するまではそのように考えていました。けれども、ガチガチの頭と現実に目の前に広がる世界は異なっています。人間による大きな傷を自然生態系に受けながらもまだ人間の感性全体に訴え、奥底にある内なる自然に訴《うった》え続ける大自然であり続けるのです。そして、目の前に広がる大自然からもっと原始に近かった原生自然を想像し、感じることができるのです。それを、人間社会が恩恵を受けてきた地球の自然の原点として捉《とら》え直すことができるのです。

クロサイもアフリカゾウと同様に視覚が弱く、嗅覚と聴覚を中心とする世界を持っています。

糞もゾウと同様に非消化に見えるものを排泄します。低木林の低木を食し、非消化に見える糞を排泄することで生態系の中で低木林の循環に役立っています。

このクロサイが、外から導入された個体を除き、実質ツァボから消えてすでに三〇年経《た》ちます。その変化をモニタリングしている研究調査は残念ながらありません。私のフィールドの直接観察では、三〇年前に比べると低木林が荒れてきているのがわかります。クロサイは低木林の散髪《さんぱつ》屋だったと、私は説明しています。クロサイのいない低木林は、散髪屋にいかない伸び放題の髪《かみ》型のような植生になってしまっています。伸び放題になってきたというのは長期的に観察しているから見えることで、初めて観た人には特徴のある低木林ではないでしょう。仮にわかったとしても、それで何の影響があるのかと考えてしまうでしょう。適当にクロサイが採食することによって一定の植物の形が保たれ、他の野生動物も利用できるようになります。鳥類や昆虫類で低木林を利用する者にとってはクロサイとの関係は大切でした。

大型野生動物が高木や低木を採食することによって、植物は散髪屋に行ったように格好良く維持されています。その結果、他の生物との多様な関係が循環維持されます。この散髪屋の効果をブラウジング・エフェクトと呼んでいます。

大型野生動物を排除した自然や植物を中心に見る自然を大自然とする見方からすると、大型野生動物が植物を食い荒らしている、というようにしか見えません。しかし、散髪屋の効果は実は自然生態系の中にがっちりと組み込まれた食行動なのです。

ある一定範囲の周りに深い溝を掘り、大型野生動物がまったく入れないようにした実験区画があります。この実験区画は一九六〇年から一九七〇年代の初期の研究者がつくったものです。管理が悪く、ほとんどが壊れてしまって野生動物が入ってきてしまっています。唯一《ゆいいつ》かろうじて大型野生動物が入らずに保たれている区画を見ると驚きます。高木と低木の植物が地を這《は》うようにその枝をひたすら伸ばし続けていて、しかもアカシアの硬い刺があちらこちらに延び放題で植物の化け物屋敷のようなバランスの悪い不健康な状況になってしまっているのです。もちろん小動物、鳥類も利用できません。人間も中に入るのに一苦労です。

私のツァボ・イースト国立公園内の調査小屋の前には五メートルほどの高さのアカシアの木がありました。アカシアの枝には三センチ前後の刺がたくさんあります。小屋の前に電気柵ができてからはゾウなどの大型野生動物が小屋の周囲の植物を食べることがなくなり、枝が延々と伸び続けました。その枝は屋根まで到達して這い始めます。人を頼んで枝を切ってもらうのですが、刺が邪魔をして大変な作業となります。人間にとっては大変な作業なのですが、ゾウやキリンなどにとっては刺を丸ごと食べるのはごくふつうの食行動なのです。そしてそれによって散髪がなされて植物と他の生物が相互に利用できる関係を維持できるのです。同様にクロサイがいた頃は、低木林を上手に食べて他の生物との関係を維持して自然生態系の一部を構成していました。

クロサイのいないことによる生態系への影響は、低木林が減少していくことでやがて現れてくることでしょう。

糞の利用と密猟

大型野生動物の糞が自然生態系、アフリカの大自然に脇役として重要な役割を果たしている観点からいくと、糞の利用は何を意味するか想像がつくと思います。

自然生態系での糞や尿などは排泄物ではなくて循環物です。自然生態系には排泄物はありません。

排泄物は、人間が自然界にないものを道具を使ってつくることによって生まれてきました。人間が都合のよい生活を営むために、不用なものを生活の視野から見えないところに廃棄《はいき》する物として排泄物としたのです。

糞が人間の目から見ると不用に見えるのは、糞を排泄物と見なす発想が身に沁《し》みついてしまっているからでしょう。その排泄物を利用するのを美徳のように感じるのも、自然生態系での循環を無視した人間的な発想といえるのではないでしょうか。最近一部の動物園などで、ゾウの糞を利用して人間に役立てる教育を子どもたちにしているところがあると聞いています。動物園動物に限るのであればよいのですが、野生動物にも拡大して解釈するようになると考えものです。

動物園などの飼育動物では有効な手段でも、すべての地域の野生動物にはあてはまるわけではありません。野生のゾウの糞を使って紙をつくるのは、動物園やみなしごゾウなどの飼育下または半飼育化の動物個体ならば、自然生態系とは無関係ですので構いません。自然生態系に生活する野生のゾウの糞を採取してきて用いるのは自然保護とはなりません。あくまで飼育のゾウに限っての利用であれば、地域住民に役立つものとなる場合があることを知ってもらうとよいでしょう。またアジアゾウとアフリカゾウが異なることも説明する必要があるでしょう。

ツァボ国立公園内ではゾウの糞でも許可なく採取はできません。ツァボ地域の私設保護区ではゾウの糞から紙をつくるプロジェクトを推進している人たちがいます。それが地域のコミュニティーに役立つから支援だし、善行なのだと言っています。野生のアフリカゾウの糞は大量だから少しぐらい採取して紙をつくってもいいだろう、ということのようです。本当にそうでしょうか。

この話を聞くたびに、私はヨーロッパからの入植者たちが野生動物の豊富なアフリカ大陸で、無限にいる野生動物たちだから少しぐらい狩猟したところで何ともない、人間のためになるのだ、と狩猟を続けたのを思い出します。

自然生態系での糞の利用と狩猟者による野生動物の殺戮《さつりく》とは、生態系にとっては循環系を破壊する意味でまったく同じ影響を持っているのです。循環しているものを除去していけば循環系は崩《くず》れていきます。地球上で人間社会はあちらこちらで自然の循環系を破壊して、自然生態系を壊滅させてきました。

視覚を中心とする人間たちは、「これくらいならいいだろう」「これくらいは人間の役に立つのだから取ってしまっていいだろう」という矮小《わいしょう》な発想に陥ってしまいがちです。本来の自然の原点からかけ離れたところに代替の自然の原点をつくり、そこから発想することに慣れてしまっているのです。

「これくらいならいいだろう」への疑問

野生動物の糞を取って利用することは、自然生態系にとっては、象牙を狙ってゾウ個体を殺戮する密猟と同じほどの破壊行為であることを認識すべきでしょう。紙をつくるために糞を採取する人は自然生態系にとっては、盗人《ぬすっと》ですから実行犯人なのです。糞の利用に限りません。自然生態系にあるものをどこまで人間が利用できるかはとても難しい判断となります。生物多様性が人間の生活をよくするためにある、そのためには薬となる生物を保護していくべきだ、という話も同じように疑問があります。犀角が漢方薬として使われ続けたために、シロサイもクロサイも絶滅の危機に追い込まれました。

哺乳類と植物では繁殖システムが異なるとはいえ、どちらも有限であることはたしかです。人間により狭められた生活場所で、いずれも個体群が限られていくのはそのためです。人間社会から見ると「天然資源」と枠組みされるものはやがて枯渇《こかつ》してしまうのです。

燃料として使う薪《まき》に原生の低木や高木を使います。枯れ木や倒木ならば自然界の排泄物なのだから利用してよいだろうと思ったら大間違いです。枯れ木や倒木を生活場所として利用している生き物たちがいます。ゾウの糞を食する昆虫、鳥類、小型の哺乳類がいます。どちらも人間の目から見れば、「無限にあるから、これくらいならいいだろう」「人間の生活のためには必要なんだ」という大自然に対しては尊厳《そんげん》と思える態度が底流にあります。最近の研究では人間社会が地球上を占拠するようになった一二〇〇〇年くらい前と比べると、地球上の森林の樹木数が約半分に減少していることが明らかになっています。人間社会は、その当初から、衣食住において破壊的な生活をしてきたのです。そして循環しない廃棄物を生み出し、残してきました。

人間が居住すると自然生態系、つまり大自然は必ず荒れてしまいますので、ツァボ国立公園では人間の居住を制限しています。象牙や犀角や野生動物の肉（ブッシュミート）を狙っての密猟ばかりでなく、枯れ木や倒木、糞でも、許可なく国立公園内から持ち去ったり利用したりすれば違法行為になるのです。自然を資源として利用して、大丈夫、まだ大丈夫と思って使っているうちに、ふと気がつけば何もなくなってしまいます。人間社会も共に崩壊してしまった事例については、自然環境史からの究明が続いています。

生物の多様性では「生きている物」の多様性の重要性を強調しています。実はその生物の多様性が守られるために必要な自然生態系と、そこにおける関係性が十分に保護されなければ多様性は成立しないのです。その意味では、多様性の中には糞や枯れ木、倒木のように「生きていない物」も含まれなければなりません。第一次生産者、消費者、生産者、分解者となる無機物と有機物の循環は、生態系維持・循環の基本です。脇役だからといって主役以外のものを排除すれば主役も一緒に死んでしまいます。生物の多様性が守られなければならないのは生物のため、地球の自然生態系のためです。その結果、人間はその生物の一員としてのヒトとして、その地球生態系の一部として守られるのです。

大自然と社会経済のバランス

人間の叡智《えいち》はいろいろな方向に向かいました。国立公園の設定はそのひとつであると述べました。ケニヤがイギリスの植民地より国家として独立してからは、社会経済的な独立も必要となりました。国立公園を保護地域として継承していくものの、その土地が社会経済的に成り立つ必要が出てきたのです。大自然の継続は人間社会と経済とのバランスにかかるようになってきました。

私のケニヤの恩師であるオリンド博士は、ツァボ国立公園の一九六〇年代の様子について、大きな手を組みながら思い出しつつゆっくりと話してくれました。

「生まれてからそれまでに見たこともない広大なスケールだったなあ。高木林に無限に覆われているかのような、そのサイズと迫力に、自分が生まれ育ってきた自然との違いに大いに圧倒されたね」

延々と続く高木林（アカシアとコミフォラ）植生に深く覆われていて、野生動物の姿すら観ることが困難だったというのです。現在のツァボ国立公園では、ツァボ・イースト国立公園の北部の一部にその時の様子を伺《うかが》わせる植生が残っています。

オリンド博士が生まれ育ったのはケニヤ西部のカカメガというところです。私が拠点にしているところから西へ約七〇〇キロメートル離れたところに位置します。

オリンド博士が育った地域には、アフリカ中央部から広がる世界三大熱帯雨林地帯のひとつの断片を残している森林生態系があります。土地が肥沃《ひよく》であり水が豊かであることから、早い時期より森林伐採が進み、農耕地帯として人々が定住していました。そのようなところから見ると同じケニヤ国内でも、ツァボ地域の自然生態系は異国の地といってもよいほどオリンド博士にとっては別世界の衝撃だったといいます。

その当時のツァボ国立公園と比べると、今では高木林地帯のみばかりでなく、開けたサバンナ草原も広がっています。この草原はゾウによる移動と植生の調整、旱魃《かんばつ》、そして人間による火入れによりできたものです。人間による火入れは社会的な要因といえます。落雷などで起きる自然の火入れも稀にあります。ゾウによる調整と旱魃は自然的な作用です。ただし、人間社会の影響が絡《から》んだ気候変動も関係しています。人間の定住と人口増加が野生動物の生活場所を狭めていることも忘れてはいけません。

つまりサバンナ草原の形成にも、最小限とはいえ人間社会の影響があるのです。

大自然がそのまま人間社会と関わることなく不可触の秘境として残されて、きわめて厳密な自然保護をしていくのは価値があります。しかし社会経済的な成立が困難となります。とりわけ一九六〇年代前後からヨーロッパの宗主国より政治的な独立を果たした新興国のアフリカ諸国では、農業ばかりでなく他の産業の開発が急務で、模索がありました。

ケニヤでは、一九七〇年前後より国立公園および国立保護区などの野生生物の保護地域を観光産業と結び付けていく方向が強く打ち出されるようになりました。自然保護を基本としての観光開発との両立がなされるようになったのです。ケニヤ国立公園庁の長官だったオリンド博士は、その方向を支持し、定着させるために力を注いだのです。

ケニヤでは、一九七七年まで有料の狩猟許可証を発行してレジャーとしての狩猟を許可していました。銃を持ったハンターたちはイギリス系白人でした。オリンド博士が長官になった時にも植民地時代から引き継いだ組織の下、白人による狩猟はなされていました。独立後も狩猟許可証は高額でしたし、ケニヤ先住民は銃を持つことが許可されていませんでした。ハンターは白人に限られていました。狩猟を観光の一形態として野生生物を消費するという意味で消費型利用として捉えるには、あまりに植民地時代からの白人の優位性が色濃くありました。

そのような狩猟に対して、銃を持たずに野生動物を観ることを中心とする観光、つまり自然生態系の保護を前提にした非消費型利用が、一九七〇年代になって積極的に進められるようになったのです。観光客が国立公園を訪問する際に支払う入園料がケニヤ国立公園庁（当時）のワイルドライフ・マネージメントのための組織の収益となります。そして自然保護を通して、国家としても社会経済的にも潤《うるお》うことになります。またツァボ国立公園のように水を得ることに問題のある地域は人間の居住地としては不適切です。野生動物が生活でき、かつ観光と結び付けることで社会経済的に成り立つことになったのです。自然保護と非消費型の観光を結び付けた施策《しさく》は功《こう》を奏《そう》しました。経済的には開発途上国であるケニヤの国の産業としては、紅茶の輸出と共に、外貨獲得の第一の産業として定着していったのです。

外国人向けの観光ばかりでなく、ケニヤの学童たちへの自然保護教育にも力を入れたことは第二章で紹介したとおりです。こうして一般の人々が原生自然を大自然として観て体験することが可能になりました。ツァボ国立公園では、その設立直後より計画的な火入れをして道や水場をつくり、人間による手が最小限に入り、修正されました。乾季には、そうしてつくられた水場に大型草食動物が寄ってきて水飲みをするようになりました。

基本的には、オリンド博士の前任で初の長官だった元軍人でイギリス系白人のマービン・コウェ氏も、人工的な関与は一切排除して、ありのままの自然を残す方向ではオリンド博士と一致していました。

ありのままの自然という点ではアメリカのワイルダーネスの捉え方があります。人間の手を及ぼさない、直接の影響を与えないという点では共通します。ツァボ地域などでのワイルダーネスは、アメリカのワイルダーネスの範疇《はんちゅう》よりも、もっと原生自然に近似する自然生態系の原点にあると私は捉えています。両方を一九六〇年代から見ているオリンド博士も同意見です。ワイルダーネスにも地域差やそれ故の多様性を吟味《ぎんみ》しなければならないでしょう。そしてそのうえで、人間活動に制限を設けることで関わりながら自然生態系を保護をする、つまりナチュラルネスの保護をワイルドライフ・マネージメントを通してオリンド博士たちは実現していったのです。

観光客の宿泊のための施設といえば、一九六〇年代まではイギリス系白人が休暇に家族で利用するためのキャンプサイトしかありませんでした。国立公園内をできる限りありのままに保護することを主張したオリンド博士たちは、国立公園内での建設には反対しました。しかし、狩猟を楽しみたいイギリス系白人たちによる要望で、ツァボ・ウエスト国立公園に二箇所、ツァボ・イースト国立公園に一箇所の高級ホテル形式の宿泊施設が完成しました。ホテルとは言わずにロッジと呼んでいます。

建設にあたっては国立公園の自然生態系をできる限り尊重するように、多くの制限をしたといいます。

その効果もあったのか、自然生態系にいる野生動物の生活に限りなく近い状態で観察できる数少ないロッジとなりました。一九七七年にケニヤで狩猟が禁止になると、これらのロッジは野生動物を観るために訪問する人たちにとって欠かせない宿となっていきました。

本来の自然生態系のあり方からは、人間の手が入ることによって変わってしまったところもあります。それでもなお文明社会からやってくる人間にとっては、「原始」的な自然状態を想像させる原生自然と呼べる様相を呈《てい》し続けているのです。

このロッジに宿泊した岩田伊津樹さん（当時読売新聞、現東海大学教授）は、私がツァボでフィールド調査研究を始めたばかりの一九九〇年に訪問しました。その時に、一緒にフィールド観察をしながら、

「原始時代に、人間はこういうところをトボトボと歩いていたのだろう」

と新聞記事で紹介しました。岩田さんは世界の多くの地を訪問したそうですが、感動した三箇所の場所のひとつがツァボだったそうです。

ロッジから見える大型野生動物がいる大自然を前に、「私たちはここから来たんだ」と強く感じるものがあります。大型野生動物たちが人間と同じ地上の延長を歩いているような自然に、人間はヒトという動物の一種として生活していた、という原点を体験します。その原点が自分たちの中に今でも息づいているのに気づくのです。国立公園という野生動物にとっての聖域が、社会経済的なバランスにおいて残されたからこそ体験できる大自然といえましょう。

観光と自然保護の両立

国立公園が聖域に見えることのひとつには、人間社会のように廃棄物がないことがあります。すべてが循環しています。

人間社会が関わるようになるとそうはいきません。

人間社会で排出されるゴミは生活の中ではごみ処理場に運ばれて目の前から隠されていますが、社会としては膨大な廃棄物を出して生活しています。残念なことに、その習性を国立公園にも持ち込む人たちがいます。国立公園内のゴミの掃除《そうじ》をすると、ペットボトルなどのプラスチック類のゴミなど、観光客によって投げ捨てられたゴミが車の荷台にいっぱいになるほどに集まります。バランスは時に崩れるものです。安定して維持されるバランスというのはなかなかありません。

不確実さが必ず伴います。自然保護と観光のバランスもその関係と似たところがあります。大自然と社会経済のバランスを取ることができるように見えても、人間は所詮《しょせん》、文明社会の習性を引きずり込みます。

一方で、宿泊施設のロッジは、文明社会の快適な生活をそのまま持ち込んだようなものでなければ観光客は増えません。野生味のある体験をしたい人から、文明生活とほとんど変わることのない宿泊をしながら楽しみたい訪問者までいます。老若男女《ろうにゃくなんにょ》、世界各国からのさまざまな訪問者の要求や条件を受け入れる必要があります。観光ビジネスとして成立する一方で、自然生態系とのアンバランスは当然起きてきます。

観光と自然保護は両立するのでしょうか。開発と保護に対立があるように、観光と自然保護も両立しない面は含んでいます。人間が利用する施設は、本来の野生動物の生活場所に小さくも大きくもメスを入れて切り刻んでしまいます。そこに人間専用の空間をつくり上げるからです。

一九九〇年代の後半から二〇〇〇年代にかけて設立されたロッジが、どれほど野生動物の生活場所を破壊したのかを私は見てきました。野生のゾウたちがマイグレーションのルートとして使っていた場所にひとつのロッジが建てられました。建設当初はゾウたちがロッジを襲ってくることが頻繁にあり、国立公園のレンジャーたちが空砲で追い払いました。ゾウたちにすれば移動のための場所を奪われてしまったのです。

また、野生のヒョウの生活場所になっていた川沿いの森林地帯に宿泊施設を建設したのもあります。当然ですが、建設作業員たちはヒョウの出没に怯《おび》え悩まされました。

国立公園の外では、ライオンが生活しているのでその名のついている小高い丘がありました。そこにもロッジができました。建設時には多くのライオンが出てきて建設作業員たちの作業を遅らせました。国立公園の境界沿いにできたロッジの傍《かたわら》は、ゾウをはじめとする大型野生動物が利用していた場所でした。しかし建設によって動物たちの動きは変わってしまいました。

建設中にも廃棄物は大量に出ますが、宿泊施設の完成後も廃棄物の排出は続きます。

ロッジには、ベッドがあり洗面所があり水洗トイレがあります。水も電気も制限がある場合もありますが、文明生活をしているのとほとんど変わらずに利用することができるようになっています。三つ星クラスまたはそれ以上のクラスのホテル並です。現地食は試食的に出されるのみです。訪問者たちのための食事の基本はヨーロッパスタイルのビュッフェ形式です。この宿泊スタイルでは多くの廃棄物が発生します。廃棄物をきちんと処理してリサイクルできているロッジは少なく、ほとんどは廃棄物を分別せずにまとめてロッジの近くの特定の場所を決めて焼却しています。

焼却しきれない生ごみは穴を掘って埋めます。これが、野生動物、とりわけヒヒたちにとっては絶好の餌がばらまかれているのと同じ状況になります。トラブルが起きます。ロッジが設立された一九七〇年代には、廃棄物の循環的利用や再利用について検討されることがありませんでした。観光導入の際に自然保護との両立を促《うなが》したい人たちの頭を悩ませたところでした。

ロッジでは、野生動物がなるべく自然の状態で近くにやってきて観光客が楽しめるようにしています。乾季の水場はそのひとつです。ロッジによっては塩なめ場や鳥の餌台や肉をぶらさげての餌付けをして、野生動物を寄せ付けているところもあります。その是非は長年問われています。野生動物が野生から抜け出して人間により近い飼育動物のようになっていくのは観光の導入のリスクです。このようなリスクがありつつも、野生動物にとってよいこともあります。観光ロッジの設立されているところは彼らにとって密猟者から狙われることがない安全な場所ということです。

そのため乾季にはロッジの周辺のみをうろつく個体群も出てくるようになります。餌付けはともかくとして、ロッジがつくった水場に野生動物たちが寄ってくるのを観光客が観ることで、自然生態系に生活する野生動物に近い姿を観ることができます。アンバランスの中のバランスではないかと思うのです。小原秀雄先生がツァボ・イースト国立公園のロッジをお気に入りの観察の場としていたのもそのためでしょう。

私自身は研究者であり、かつ大型野生動物を中心とする自然保護の立場ですので、観光産業に関しては、フィールド調査を始めた当初の数年間はあまり積極的ではありませんでした。観光は自然保護とは両立しないとすら考えていて、教育ツアーを開始するまではむしろ否定的でした。ロッジを訪ねると観光客がいるのにうんざりしていました。フィールド調査に出ると、バスに乗った観光客たちの騒ぎ声で、観察している野生のゾウたちが行動を変えてしまうのを不快に思っていたものです。観光客を見るのも会うことも避けて、国立公園内の調査小屋でひっそりとひとり静かに暮らして、観光とは一線を引いて距離を置いていました。

そのような私が観光に目を向けて、自然保護との両立を考えるようになったのは、アメリカのミシガン州立大学の主催する教育ツアーにオリンド博士と一緒に一九九四年から関わることになった時からです。

原生自然の中に浸《つ》かった体験は、自己体験として固有に消化しているだけでは原生自然との間の本当の意味での新陳代謝《しんちんたいしゃ》になりません。その新陳代謝はひとりの人間である私が、他者である人間たちに伝達して、社会活動として継承することで活性化します。そのことに遅ればせながら気づいたのです。

大自然との歩み寄り

原生自然から自然生態系、ワイルダーネスからナチュラルネス、そして人間との関わりは、野生人の研究者として二次野生化して生活したからこそ開けた世界です。野生のアフリカゾウに限りなく近い立場から地域を、そして地球を知ることに慣れてきました。吾輩《わがはい》は猫である、ならず、吾輩は野生のアフリカゾウである、の立場です。ヤコブ・J・B・フォン・ユクスキュルさんの『生物から見た世界』では、人間が捉える世界と人間以外の生物が捉える世界がいかに異なるかを描き出し、それぞれの生物から見える主体的な「環《かん》世界」を提唱しています。私の到達しているひとつの世界はそれに近いと捉えています。そうして、大自然とどのようにつきあうかを考えるようになりました。人間側の優しく温かいゆっくりとした引き下がりと、希望ある歩み寄りが必要であるということです。性急な近視眼的な寄りつき方で、お互いに拒絶反応を示す時代は二〇世紀までで終了にしましょうという提案です。

人間社会は農耕を開始して以来、人間の生活のためにのみ自然を利用することに専念してきました。利用するとは維持ではなくて、自然からすると抑圧、被征服、拒絶、破壊、廃止、抹消《まっしょう》を意味しました。大自然にとってはネガティブなことばかりです。もちろん中には融合的な利用もアフリカの固有の地域ではありました。全面的に人間社会のアフリカ大陸での活動を責めるつもりはありません。人口が少なかった時代やヨーロッパが全盛となる以前の各地域では、人間と自然が溶け合った、まさにお互いが新陳代謝するような自然の利用をしているケースもありました。

ヨーロッパの産業革命は、ますます自然と人間との分離を大きくしてきました。南アフリカは植民地化されてから長い年月にわたり、白人が有色人種を差別する人種隔離政策により先住民を苦しめました。自然と人間との関係も、自然を抑圧される先住民、人間を抑圧する白人と置き換えれば、同じ構造であるといえましょう。

残されているアフリカの大型野生動物を含む大自然には、人間社会の歴史から受けた傷が否応《いやおう》なく食い込まれているのです。ありのままの自然を大自然がつぶやくとしたら、人間社会がない自然ということでしょう。しかしそのような地球は今のところあり得ませんし、人間のひとりとして大自然に人間も含んでほしいと願い出たくなります。仮に人間社会がない世界が地球上に登場しても、アラン・ワイズマンさんが『人類が消えた世界』で、人類がいなくなった後の未来の地球の自然を予想しているように、人間社会によって破壊されたところからの二次的、三次的な自然となってしまいます。

そうなりますと、人間と人間社会がいない地球が本当に大自然にとってもよいのかと大自然に問い直す必要もあるかもしれません。

人間社会と大自然との断絶ではなくて、共存して生み出していく大自然に意義を見出さねばならないでしょう。国際協力としての教育エコツアーもそのひとつです。一般観光も、気になるマナーへの警告や改善がなされれば、広い意味での国際協力といえます。気になるマナーはどこの国の観光客にも見られるものです。車窓からペットボトルやチューインガムなどを投げ捨てる、野生動物を前にして飲酒しながら大声でわめいたり笑い転げたりするなどがあります。最も困るのはタバコのポイ捨てです。水を得ることがトラブルの地域では、アクシデントによる発火を有効に抑《おさ》える方法はありません。火は瞬《また》く間に広範囲におよんでしまいます。ツァボ・イースト国立公園内でも外でも、火が広がって一部の植生を変えてしまったこともありました。

国際協力のレベルは、上は政府国家間から末端の地域住民の小さな生活支援に至るまで多岐《たき》多様です。私自身はフィールドの現状に直面して複合的で総合的な国際協力の活動に入り込んでいくことになりました。地域住民への支援は、原生自然を原点に据える私の人間活動への参加の接点となっていき、気がつけば二〇年以上続ける活動となっていました（第四章）。

もし人間が手を入れなかったら

ツァボ国立公園の設立（一九四八年）当初の約七〇年前にさかのぼって、その頃から今まで、もし人間がまったく手を入れずに国立公園の設立当時のままにしていたら今はどうなっていただろうと想像してみます。オリンド博士が、一九五〇年代のツァボ国立公園を高木林に囲まれた深いブッシュだったと言っていました。

大型野生動物たちは国立公園の中だけに住んでいるわけではありません。国立公園は人間が仕切った境界領域です。この境界線は野生動物たちが引いたものではなくて、入植してきた白人たちが地図を見て適当に引いたものです。小原秀雄先生は『境界線の動物誌』の中でそれでも野生動物たちは境界線を知るようになる、と述べています。境界線の問題は、その後の人間と野生動物との関係においての原点ともなりました。国立公園の境界線の内側は人間が住んでいない、もしくは居住しても生活できない土地です。外側はすでに人間が住んで生活している、もしくは肥《ひ》沃《よく》な土地でした。当時の境界線を決定する段階では生態学やワイルドライフ・マネージメントなどの知識のある人がいませんでしたから、なんとなく線を引いた、というのが正しい決定の方法となりました。当時のイギリス系白人はケニヤが独立国家となることも予想していなかったことでしょう。

地域の人口が少ないことは野生動物にとって最も好ましい条件です。そしてその人々が生活場所を経済的、商業的、政治的に拡張しないことも必要です。同時に密猟を含めた狩猟が皆無、もしくは最小限である状況は、ゾウなどの大型野生動物にとってはありがたいことです。約七〇年前の人口のまま、もしくは人口が減少していたらどのようになっていたでしょうか。ゾウはマイグレーションをダイナミックに引き続き行って、糞を通してすべての植生を循環させ、クロサイは低木林を循環させていたでしょう。森林も高木林も低木林も国立公園の内外でほとんど変わりなく維持されていたことでしょう。カバも川を自由に動いて植生循環を行うので、川の水が乾いて雨季にしか流れない季節川になることはなかったでしょう。大型野生動物は自然生態系の中での役割を人間からの邪魔なく演じ続けて、それにより地域生態系も傷を受けることなく生物の多様性も健全に維持され、循環していたに違いありません。

現在畑や裸地《らち》となっているところには、国立公園で現在見ることができるような景観があったはずです。人間や他の多くの野生生物は、大型野生動物が循環させる森林や川を適度に利用して恩恵を受けて生活できたでしょう。人間にとっても利用できる生物の多様性とその恩恵（生態系サービス）はもちろんあります。それ以上に、野生生物にとって多様性ある自然生態系が、野生生物の本来の関係で、動的にも静的にも維持されていたに違いありません。

実際に今でも森林地帯が残っている丘の高地に居住している人々は、丘の麓《ふもと》の低地に比べて気温が穏やかで水があることを住みやすい条件として挙げています。マラリアなどの病も、人間が荒らして居住し始めた低地よりも少ないといいます。それらの森林、高木林は大型野生動物が自由に動いていた時代の産物なのです。

しかし現実には人口は増加して生活場所が拡大し、大型野生動物の生活場所は狭められてしまいました。出没すればトラブルのもととなってしまっています。森林や高木林を循環させる動物はほとんど出没しなくなっています。これらの地域は、水問題を抱えつつ、すでに裸地化が始まっています。その範囲は広がっていくことでしょう。野生動物も人間も家畜も住みにくい、あるいは住むことのできない場所となりつつあるのです。

大自然と人間社会との風穴

ありのままの大自然を残すことは素晴らしいことです。ケニヤの国立公園の初期の目的は野生動物を純粋に保護して自然生態系を維持することでした。観光のために国立公園はつくられたのではありませんでした。人間が限りなく関わらないこと、観光は自然保護とは対立する、観光によって国立公園は荒らされる、という方向でした。

人口が少なく開発がなされる見込みのない時代には可能な方向でした。ケニヤの人口は増加して野生動物との間に生活場所の競合が起きてきました。野生動物の生活場所を圧迫していくことを避けられない状況となりました。そのような条件下では、ありのままの大自然に少しばかりの風穴を入れる方が、大自然と人間社会との両立はうまくいくようになったのです。自然生態系を限りなく保護するという国立公園の初期の目的は維持されるべきです。同時に大自然が人間社会といかに歩み寄るかという方向も不可欠になったのです。大陸を自由に動き回っていた野生のアフリカゾウからすれば、悔《くや》しいながら敗北宣言です。しかし受け入れざるを得ず、受け入れることにより生き長らえることになったのです。

私の中では大自然として原生自然を原点として据《す》え置くようになり、野生のアフリカゾウの立場でフィールドに立つようになりました。が、人間社会との間で常に揺れ動いています。それは大自然の現状に類似しています。

野生のアフリカゾウとのトラブルのある地域の住民への支援活動を続けているうちに、揺れ幅は大きくなってきました。原生自然の原点を見据えての活動ですので、人間社会に決して埋没してしまうことはありません。原生自然の原点を動かすことなく、人間社会との間ではソフトに変動の振幅を大きくして許容範囲を広げること、それが大自然と歩み寄りながらの活動なのだと確信しているからです。その活動から地球が見えてきます。そこから自然と人間社会がどうようにあるのがよいのかを考え続けているのです。

大自然を想い、地球を案じて原生自然と人間社会との間を往復しつつ葛藤《かっとう》しているうちに、ひとつの詩が生まれました。人間社会の圧力に敗北しながら生活を続ける野生のアフリカゾウと、それを通して見える私にとっての大自然に風穴を通して、滅びゆく地球と人類にかすかな希望を見出したいと願う詩です。

ご挨拶

明治十九年（一八八六年）三月一日創業の冨山房は、平成二十八年（二〇一六年）三月一日、創立百三十年を迎えました。そのご挨拶を申し上げるにあたり、冨山房の歩みから簡単に述べさせていただきます。

冨山房は、小野梓先生との出会いから始まりました。小野梓は高知県宿毛の出身、政治家の大隈重信と行動を共にした法学者であり、東京専門学校（早稲田大学の前身）の創設に参画し、傍ら、国民の知的向上を図るため、良書を普及させ、学問・芸術・文化の発展を期すべきであるとして「東洋館書店」を設立しました。

同郷の縁から、坂本嘉治馬は東洋館に奉公します。小野梓から受けた影響は大きく、「十年も二十年も師事した師父のような気がする」と回想していますが、小野梓は明治十九年一月十一日、三十三歳十ヶ月で夭逝してしまいます。

坂本嘉治馬が東洋館に奉公したのは正味二年の短日月でしたが、小野梓のすぐれた人格が青年坂本の心に強烈な感化を及ぼしました。小野梓の死去からわずか五十日後の三月一日、坂本嘉治馬は小野梓の義兄にあたる小野義眞（日本国有鉄道総裁）より二百円の援助をいただき、小野梓の良書普及の精神を継ぎ、「益世報效」（恩を感じて深く考え世の中に役に立つ）を社是として冨山房を創立いたしました。

初代坂本嘉治馬による出版業五十年の間に、大日本地名辞書（全七巻）、漢文大系（全二十二巻）、大日本国語辞典（全五巻）、仏教大辞彙（全三巻・新修版全六巻）、詳解漢和大字典、日本家庭大百科事彙（全四巻）、大英和辞典、大言海（全四巻）、国民百科大辞典（全十二巻）などの大出版をはじめ、教科書、地図、児童書、絵本など大約四千種を世に出しました。それぞれの出版を完成させるのに、急がず、焦らず、大器晩成を期し、編纂に二十数年の永い歳月を辛抱強く続けたものなど、著者の諸先生ならびに諸先輩のご指導を常に仰ぎながら進めてまいりました。

創業以来築き上げられてまいりましたその姿勢は、二代目坂本守正、三代目坂本起一に引き継がれ、さらにその枝先に在る冨山房インターナショナルにも引き継がれ、良書普及の任を今なお担っております。大著をなした先人達のご著書は、伏流水の如くに流れ、必要のある折々に光あふれ、その輝きをさらに増しております。

創業以来、冨山房の出版図書のために、久しくご愛読をいただいております読者の皆々様へ心からの尊敬と感謝を申し上げます。ご芳情に報い、豊かな心をつくるため、社員一同全員で一層の努力をいたす覚悟でございます。

ここに謹んで御禮を申し述べ、今後永く久しきご後援をひたすらお願い申し上げご挨拶といたします。

平成二十八年三月一日

株式会社冨山房インターナショナル

会長　坂本嘉廣（公益財団法人 坂本報效会　理事長）
社長　坂本喜杏（喜久子）

出版部門／編集部・制作部・書籍販売部・出版営業部・印刷営業部
印刷部門／営業部・印刷工場部（旧内外印刷株式会社）
URL：www.fuzambo-intl.com

〔東京本社〕
〒一〇一－〇〇五一　東京都千代田区神田神保町一－三
電話：〇三（三二九一）二五七八／ＦＡＸ：〇三（三二一九）四八六六

〔京都印刷営業所〕
〒六〇〇－八二一六　京都府京都市下京区西洞院通木津屋橋上ル　辰巳ビル三階
電話：〇七五（三六一）五七六六／ＦＡＸ：〇七五（三六一）五七五五

〔京都工場〕
〒六〇一－八三四六　京都府京都市南区吉祥院池田南町十三
電話：〇七五（六七一）七三〇六／ＦＡＸ：〇七五（六七一）七三〇九

〔日本大学文理学部　売店〕
〒一五六－八五五〇　東京都世田谷区桜上水三－二五－四〇
電話：〇三（五三七四）八三七六／ＦＡＸ：〇三（五三七四）六八一四

〔日本大学櫻丘高等学校　売店〕
〒一五六－〇〇四五　東京都世田谷区桜上水三－二四－二二
電話：〇三（五三七四）八六一〇／ＦＡＸ：〇三（五三七四）八六一二

〔サロンド冨山房・ＦＯＬＩＯ（フォリオ）〕（サイエンスカフェ 研究会 他）
〒一〇一－〇〇五一　東京都千代田区神田神保町一－三　冨山房ビル 地下一階
電話／ＦＡＸ：〇三（三二九一）五二五三

そこには　なぜか　光がある
すべてが終わろうとする　その時に
そこには　なぜか　光がある
いやすべてが終わろうとする　この時　だからこそ
そこに　光がある　のかもしれない
光は　また新たな　いぶきをうむ
新たな生は　光とともに　生まれる
そこに　光がある　のは
だから
必然　だし　偶然
そこの光を　感じることのできるかぎり
そして光を　感じ続けることができるかぎり
生に　喜びがあり
生に　喜びをうむ

第四章　地域の女性たちと歩む

ビリカニ女性たちの会

ツァボ・イースト国立公園に隣接する地域にあるビリカニ村は、野生のゾウとのトラブルが続いているコミュニティーです。そのビリカニ村に住むお母さんたちが設立した会が「ビリカニ女性たちの会」です。アフリカゾウ国際保護基金の地域住民への支援活動の一環として、私が一九九三年よりビリカニ村で起きている水問題の緩和《かんわ》を発端《ほったん》にして、女性たちへの自立を促《うなが》すために、洋裁教室を中心に関わり続けているグループです。

私がビリカニ女性たちの会の支援活動に着手し始めた当初、お母さんたちのほとんどは就学経験がない、または小学校中退でした。文字が書けない、数を数えられないというお母さんがいたのです。水運びは基本的に女性の仕事でした。ビリカニ女性たちの会との出逢いのきっかけになった水問題も女性だからこそ上がってきた問題だったのです。

当時のことを、

「ゾウの保護には、女性たちの力が欠かせないことを示しているかのようである。そういえば、ゾウもまた、メス中心の社会である。ゾウの社会と人間の社会に共通性を求めるわけではないが、コミュニティー・ワイルドライフにおける女性たちの会の活動は、ゾウの保護をコミュニティーが理解するために、キーになっていると信じたい」（拙著『アフリカで象と暮らす』より）と書いています。女性たちの会との関わりが深まるにつれて、女性たちへのゾウ保護のための活動の期待が自分自身でも高まっていったのでしょう。

今では日本からの教育エコツアーの参加者が、野生動物と地域住民の共存の実践的な現場として必ず訪問するところとなっています。本章では、その教育ツアーの様子を始まりにして、日常のビリカニ女性たちの会のお母さんたちのようすを紹介し、地域の女性たちと共に歩んできた共存の道と大自然との関わりを紹介します。

ビリカニ女性たちの会へようこそ！

二〇一五年。八月のある日曜日のビリカニ村。

朝から青空が広がり、前日とはうって変わって気温も上昇中です。乾季の半ばに入り、周囲はすべて枯れ草の色に染まっています。埃《ほこり》っぽい中でビリカニ女性たちの会のお母さんたちは朝から忙しくしています。教育ツアーで訪問する日本からのお客さんを迎えるためです。慣れている歓迎とはいえ、時間までに準備が整うかどうかと、皆ピリピリとしています。通常にはない緊張感が走ります。

一番気をもんでいるのは女性たちの会の代表のバナデタさんです。

「チャイの準備はもうできたかしら？　販売用のグッズは整っている？」

目が大きくて小さな顔にはっきりとした目鼻立ち、ほっそりとした小柄なバナデタさんは、大きなアカシアの木の下で準備を進める女性たちの会のメンバーたちに、再確認をして回ります。

五六歳になり、三〇歳代後半からの老眼が進んで、時々大きな目を細めて二〇歳代を中心とする若手のお母さんたちが動いているのを見守っています。

午後一時過ぎ。

ポレポレ（スワヒリ語で「ゆっくり」）と準備を進めるお母さんたちにとっても、時間はゆっくりと進んでいきます。

午後二時過ぎ。訪問者たちがビリカニに到着する時になりました。


女性たちの会の人たちと初顔合わせです。

「チア～キ、チア～キ、ようこそ、ようこそ！

お客さんを連れてきてくれました！

お客さんもようこそ、いらしてくれました！」

と、女性たちの会のメンバーたちが一斉《いっせい》に訪問客を迎えて、ほがらかに歌いながら温かく迎え入れてくれます。メンバーたちはカラフルで自分で縫製《ほうせい》した衣服を着ています。

二三年前に私が初めてビリカニ女性たちの会を訪問し、支援活動を開始した時とまったく変わ

ビリカー女性たちの歓迎

らない歓迎ぶりです。

明るさも、笑いも、踊りも歌も、あの時のままです。用意された現地食もチャイも当時の味と変わりません。お母さんたちの熱い思いと歓迎ぶりは、あの時と変わるところがありません。携帯電話が普及したり、交通の便がよくなったりと生活は変わりつつありますが、それでも、二三年間の歴史がこの歓迎の瞬間に映し出されているかのように感じられるのです。

この歓迎が続く限りは、野生のゾウとの共存のための活動は続いていますよ、女性たちの会のお母さんたちはがんばっていますよ、コミュニティーはプロジェクトを歓迎し続けていますよ、とメッセージを伝え続けてくれているようです。小さいながら確実にまだ健在ですよ、と微笑みかけてくれているようです。

女性たちの会の成長

赤色のブーゲンビリアの花が、洋裁教室を開いているワークショップ（作業場）の隙間だらけの囲い柵に点々と咲き、乾いた褐色の風景に明るさを添えています。

ある日の昼下がり、お母さんたちは足踏みミシンをのんびりと踏みながら洋裁をしつつ、雑談にも花が咲いています。井戸端会議ならず「ミシン端会議」です。

私も朝から一日彼女たちに付き合ってお邪魔しています。と言っても私自身はミシン端会議のもっぱら脇役、聞き役です。まるで野生のゾウの代理としてプロジェクトにお邪魔しているような気分です。

話の中心になっているのは、ビリカニ女性たちの会の開始当初から二三年間、メンバーとして活躍している古参の二人、バナデタとクリスチンです。

バナデタは現在の女性たちの会の代表です。すでに二期以上代表を続けていてメンバーからの信頼も厚いです。どこにそんなパワーがあるのだろう、と思うほど華奢《きゃしゃ》な体つきで声も小さく細いのですが、訪問客が来れば必ず代表として挨拶をして、世話役、まとめ役の中心です。日本からの訪問客にも挨拶をしたばかりです。

クリスチンは細身のバナデタと比べると、その倍くらいに大柄で、子どもがお腹にいるのでは

郵便はがき

恐れ入ります
が切手をお貼
りください

1 0 1 - 0 0 5 1

東京都千代田区
神田神保町一の三 冨山房ビル 七階

冨山房インターナショナル
読者カード係行

お名前	（　　歳）男・女		
ご住所	〒 TEL :		
ご職業 又は学年		メール アドレス	
ご購入 書店名	都道 府県　　市 郡 区　　書店	ご購入月	

★ご記入いただいた個人情報は、弊社の出版情報やお問い合わせの連絡などの目的以外には使用いたしません。

★ご感想を小社の広告物、ホームページなどに掲載させて頂けますでしょうか？

【 はい ・ いいえ ・ 匿名なら可 】

書　名

本書をお買い求めになった動機をお教えください。

本書をお読みになったご感想をお書きください。
すべての方にお返事をさしあげることはかないませんが、
著者と小社編集部で大切に読ませていただきます。

ビリカニ女性たちの会と人たちと（1993年）

ないかと思うほどの大きなお腹をしていて貫禄があります。にこやかにしていて、その微笑みが頬《ほほ》が落ちそうなほどの卵型の顔から消えることはまずありません。バナデタとは対称的に声が大きくはっきりしていてよく通ります。そして冗談が大好きです。バナデタの前任の代表でした。ちなみにクリスチンは娘に中村千秋の名前にちなんで「ＣＨＩＡＫＩ（チアキ）」と名づけていますが、その娘ももう一五歳になり高校生です。

体型が違うこの二人が並ぶと細めのバナデタと太めのクリスチンで、日本のどこかにいる漫才コンビのようです。

メンバーとして長年活躍しているお母さんを「オールド・ママ」、二〇一〇年代になって活躍するようになったお母さんたちを「ヤング・ママ」と呼び習わすようになりました。

ヤング・ママたちへの支援が始まった五年前から私が名づけた呼び方ですが、いつの間にかお母さんたちに定着して古くから使っているビリカニ用語のようになってしまいました。

英語でのグループ名はスワヒリ語とタイタ語が中心で、英語を使う機会のほとんどないお母さんたちにとって、ちょっとしたことばのおしゃれです。スワヒリ語ではっきりとママ・ムゼー（老人のママたち）と言うよりも、オールド・ママと言うと、少し距離感もあって柔《やわ》らかい感じがするのでしょう。日本語で老母さんたちとはっきり言うよりも、オールド・ママたちと言うほうがソフトな感じがするのと同じです。

オールド・ママとヤング・ママとは親子ほどの世代の差がありますし、実際に親子でオールド・ママとヤング・ママとなっているメンバーもいます。

オールド・ママたちとヤング・ママたちの雑談は、さわやかな風がワークショップを通り抜ける中、続いています。

オールド・ママたちのもっぱらの自慢話は、ビリカニ女性たちの会が設立した当初、チアキがやってきた頃の成功の話です。ヤング・ママたちにすると、もう何回も聞いているのになあ、という思いもあるようですが、そのたびに出てくる新しいトピックが面白くもあり、ミシンを踏みながら何気なく耳を傾けてしまいます。

オールド・ママの太めのクリスチンが、大きな声で、

「あの時はね、皆水のために必死だったわね。ほんとこのビリカニがどうなるかと思ったけど、

ビリカニの共同水場のあと

チアキが来て、共同水場ができて、ほんと、嬉《うれ》しかったねぇ。神様が持ってきた、ゾウが持ってきた！　って皆で喜んだものねぇ」

と言うと、細めのバナデタが応じました。

「そうねぇ、赤ん坊を抱えて水を運ぶなんてできないし、ゾウが出て来て襲われそうになるわで、どうしようかと大変だあ、と迷っていた矢先に、本当によいプロジェクトが来たって、ねぇ」

当時、共同水場として使い、水を売っていた水場の台は今ではもう使っていませんが、記念碑のようにそのまま残されています。

「それまでは、ほら、水運びで大変だったわよね。ゾウが水運んでる時に出てきちゃったこともあって。人がゾウに殺《や》られた、って時には村中、ゾウは怖くて嫌いな動物って思うようになっちゃっていたからねぇ」

と太めのクリスチンは当時の水運びの日々を思い出します。

「あら、でも今でも断水すれば水運びじゃない」

と、ヤング・ママのひとり、ジェーンが太めのクリスチンに聞き返します。

ジェーンは背が高く大柄な女性です。ビリカニ女性たちの会のメンバーになってからすぐに赤ん坊を失い、かなり暗い人生をイメージしての関わりでした。当時は今の半分くらいにやせ細ってギスギスして、笑うこともあまりありませんでした。が、次の子どもが無事生まれ、そして、最近ではケニヤの洋裁士資格の国家試験で三級、二級と立て続けに合格して、自信をつけてきました。当時とは同じ人物とは思えないほどふっくらとした顔つきになってきました。女性たちの会の将来の代表とも言われています。

背が高いので、のっぽのジェーンです。

「うちなんか、このところ断水続きよ。水運ぶの大変だし……ゾウも夜中には出て来るし……」

と、のっぽのジェーンはガタガタとミシンの足踏みをしながら話を続けます。ビリカニ女性たちの会が使っているミシンは、その昔日本でも使われていた旧式の足踏みミシンです。電気は来ていませんので一台ある電動ミシンも足踏みで動かします。

「でもビリカニの中とか、まあ、別の家にいけばあるとか、今では近くで水が手に入るでしょ。あの時はね、数キロとか歩いて探さないと水がなかったのよ」

と太めのクリスチンは言い返します。

細めのバナデタはそれを聞いていて小さな甲高い声で、

「そうよ、水がないってレベルが違うのよね。村中から水がなくなったんだもの」

と当時は大変なんだぞ、と強調し続けます。

のっぽのジェーンはビリカニ村に嫁いできたヤング・ママですから、当時の状況は理解しにくいのかもしれません。なぜなら、彼女が知っているビリカニ村は共同水ながら水にはほとんど問題はないからです。

娘の年代に当たるのっぽのジェーンに向かって、太めのクリスチンは話を続けます。

「あれがきっかけになって水が村にもどったのよね。国立公園まで水のパイプをみんなで歩いて取りに行ったものね。すごく皆興奮してねぇ」

「そうそう、赤ん坊を背負ってる人もいたわよね」

ヤング・ママたちがその赤ん坊だった頃の話です。ヤング・ママたちは生まれも育ちもビリカニという女性もいれば、のっぽのジェーンのように嫁としてビリカニに居住するようになった人たちもいます。歴史はオールド・ママからヤング・ママへと話として伝えられていきます。年上の女性に耳を傾ける態度は農村部ではどこでも同じです。そこから多くを学べることがあるからでしょう。

「こういう話をきちんと伝えていかないといけないいんだけどねぇ」

としみじみと太めのクリスチンが言います。

「うちの娘のCHIAKI（チアキ）にも伝えているつもりなんだけどねぇ」

と、生まれも育ちもビリカニの娘のCHIAKI（チアキ）に期待しているようです。

「それで、いつだったかしら、私の家にも蛇口をつけて水を得ることができるようになったのは……」

「えっと、娘のCHIAKI（チアキ）が生まれてすぐくらいだから、一五年くらい前よね、二〇〇〇年くらい？」

「それじゃ、早いんじゃない？」

お母さんたちの記憶は曖昧《あいまい》ですが、二〇〇〇年前後から共同水場の数が増えて、水のパイプを自分で買える人たちが水を各家庭につなげるようになりました。かつては水のないビリカニだったのですが、今ではメンバーの各家庭に蛇口のある水を得られるようになりました。それどころか、ビリカニに行けば水がある、というようになり、他の地域で断水が起きると水を分けるほどにもなりました。

水を得るための目的は十分に達成できて、コミュニティーの生活向上に寄与しました。

このように、野生のゾウとのトラブルを抱えている地域の住民の生活の向上を支援して、野生動物の保護を理解してもらう活動がコミュニティー・ワイルドライフです。日本では馴染《なじ》みのないことばですが、ケニヤでは一九九三年、野生生物のワイルドライフ・マネージメントの局であるケニヤ野生生物公社にコミュニティー・ワイルドライフという課が新設されて以来、一般に普及していることばであり活動です。コミュニティー・ワイルドライフ課は国立公園の周辺の地域住民に野生動物による問題を理解してもらうために、地域のコミュニティー活動を通して住民を支援していく課となっています。

コミュニティー・ワイルドライフとしての活動としては、ビリカニでの水問題の解決のように数年をかけて目的が達成され完了する場合もありますが、十年以上の単位での長期的な継続にも価値があります。ビリカニ女性たちの会では、水問題の解決と共に、生活向上と自立に向けて開始した洋裁教室が、予想以上に長期に継続し、進展して、思わぬ広がりを見せることになったのです。

オールド・ママたちは熱心にその話を続けてヤング・ママたちに伝えたがります。

「もうお昼だわね、またこの話の続きは明日しましょうねぇ」

と、太めのクリスチンが話を切り上げ、腰布を巻きなおし、裸足だった足にゴム草履《ぞうり》を引っかけると、細めのバナデタと共にワークショップを後にして自宅へ帰って行きました。

コミュニティー・ワイルドライフの活動として

「昨日の夜、来たわよ、ゾウが……」

太めのクリスチンはワークショップに入ってくるなり、やや緊張した顔つきでメンバーたちに話しかけます。すでに洋裁を始めているオールド・ママたちとヤング・ママたちは、クリスチンがいつもの明るさがないのを少々心配そうに見やります。

「何か悪戯《いたずら》をした？」

細めのバナデタが尋ねます。

「いや、家の近くまで来て通り過ぎて行っただけだけど……」

クリスチンは何かを思い出したかのように暗い顔をします。

「そういえば、クリスチンのところの近くでゾウが赤ん坊を出産した、っていうのがあったわよね、二〇〇九年だったわ」

と私が言うと、

「さすが、チアキね、はっきりと年を覚えているのだから」

「コミュニティーで出産なんて、って驚いたからよく覚えているのよ。それ以外にビリカニでは後にも先にも話は聞かないしね」

その時、クリスチンと出産場所を見に行ったことは今でもはっきり思い出せます。

出産の場所は、太めのクリスチンの家から二〇メートルほどのところのブッシュに囲まれたところを抜けて少し開けたところでした。クリスチンに尋ねました。

「どうして産んだってわかったの？」

「明け方にすごい声がしてね、怖かったけど朝早く起きて見たら赤ん坊を連れて歩いているのを見たのよ」

と、急に怖《こわ》かった瞬間を思い出したようにこわばった顔をしました。

赤ん坊を連れているゾウはたしかに怖いです。赤ん坊が襲われると思い防衛するのでしょう。下手《へた》をすれば人を襲います。

「へえ〜〜こんなところでね。でも赤ん坊を産んだってことは、安心していたんじゃないの？ビリカニは襲われない、ってゾウは知っているのかも？」

「そうねえ、でも私もビリカニに嫁に来てから三〇年以上になるけど、こんなの見たことないのよ、初めてよ」

とクリスチンは、私がビリカニはゾウにとって安心できるところ、と言ったのにほっとしたように、いつもの笑顔を取り戻しました。

私は彼女の緊張を共有しつつ、なぜこんなところに出てきて出産したのかを考えていました。その年は旱魃が原因といわれる理由でツァボ地域では一五〇頭ほどのゾウが死にました。ビリカニばかりでなく別のコミュニティーでも出産したとの報告がありました。

ゾウの出産をフィールドで見られる機会は非常に少ないです。クリスチンが話しているように、とても大きな声を出すので出産しているのだろうと予想するのですが、その瞬間を見られる機会はきわめて稀《まれ》です。クリスチンのように出産したての赤ん坊を見たことは国立公園内ではありますが、外ではクリスチンの話が初めてでした。昔はどうだったのだろう、とオリンド氏にも確認しましたが、聞いたことがないと言っていました。

野生のゾウにとってよいことなのか、というのが私の疑問でした。生活場所でのリスクが多くなってきているのではないか。安全な場所が狭められているのではないか。いろいろと考えました。

太めのクリスチンは、ゾウが通過する時の恐怖とも安心とも言えない過去の経験を思い出しているに違いありません。

「また出産かしら、って思っちゃって。あの時と似てたのよね、大声出したりして、ゾウたちがね」

しかしその日は夜中に通過しただけだったようです。

太めのクリスチンのみならず、ビリカニのお母さんたちの家にはゾウが出没して悩ませることはたびたびあります。朝から女性たちの会に顔を出さないと思うと、畑を悪戯《いたずら》されて呆然《ぼうぜん》としているお母さんもいます。しかしワークショップにやってきてお母さんたちにその話をすると、小さな助け合いも生まれて、緊張していた顔が柔らいできます。

太めのクリスチンはミシンの前に座ると、日本からの訪問者たちに販売するためのビリカニ・グッズのシャツを縫製し始めました。

ビリカニ・グッズとは、ビリカニ女性たちの会が縫製しているシャツやエプロンなどのグッズを総称したものです。ビリカニ女性たちの会では、一九九〇年代から二〇〇〇年代前半にかけて、アフリカゾウ国際保護基金を通して日本からの生活向上のための技術支援を郵便ボランティア貯金から受けた結果、技術が向上して、日本人など訪問者向けに縫製したものを販売できるようになりました。初めはビリカニ女性たちの会を訪問した人の思いつき案から始まりました。その提案者自身も成功するかどうかは半信半疑だったようです。

縫製品に対して、日本からの訪問者や日本でのボランティアがアドバイスをして、グッズの改良を年月をかけて進めていきました。ＪＩＣＡ草の根支援の資金も得ることができて、販売の輪は教育エコツアーで訪問する人たちを中心に地道に広がりました。こうして蓄えた資金をもとに、二〇〇七年には子どもたちのための学習室を建設しました。お母さんたちの力が半分、研究と活動に対して私が受賞（中曽根賞）した資金からの寄付が半分で完成したものです。この学習室をビリカニ・ライブラリーと呼ぶようになりました。今ではビリカニ女性たちの会の洋裁教室の維持管理など自立して運営できるようになっています。

ビリカニ・グッズの縫製は女性たちの会のひとつのメイン・ワークとなっています。ビリカニ・グッズを黙々と縫製することはなく、必ず、ミシン端会議のおしゃべりをしながら楽しく明るく作業しています。

私は、そういう太めのクリスチンに、そんなにおしゃべりに熱中していると、シャツのポケットの位置が曲がってしまいますよ、と笑いながら注意しつつ、時間の止まったようなワークショップでのミシン端会議に引き続き脇役として参加します。

彼女たちの話はタイムマシンで二三年前から現在を往復させてくれるような、順不同、序列なしの思い出話です。

「ゾウが出て来るのは年によって違ってるわよね」

と太めのクリスチンは切り出します。

「たしかに。今年は少ないなぁ、っていうのはこのところないわねぇ。なんかいつでも出てきている、って感じ」

彼女も訪問者たち用のビリカニ・グッズのシャツをミシンで縫製しています。太めのクリスチンよりも慎重に縫製するし、口数も少ないので、彼女のつくるもののほうが安心です。

「ゾウが出ないことがあったなんて、信じられないわねぇ」

と、ヤング・ママののっぽのジェーンは言います。

「出ない家はあるけど、ビリカニにゾウが出てこないなんて」

彼女にとってはビリカニはゾウが出る村なのです。

「あら、私が小さかった頃、出ないことあったわよ」

ビリカニ生まれのビリカニ育ちのヤング・ママのジェンタはマンゴを思わせる小さな整った顔立ちで、茶目っ気のある目が優しく笑いを絶やしません。

マンゴのジェンタの母親はビリカニ女性たちの会のメンバーでした。目を悪くしてミシンの縫製を続けることができなくなり、洋裁教室には来なくなってしまいました。マンゴのジェンタが子どもの頃からお母さんに、「ゾウがもたらしたビリカニ女性たちの会の洋裁教室のプロジェクトだよ」「ゾウを大切にしないとねぇ」という話を毎日のように聞きながら育ちました。

目を悪くする前にはお母さんが洋服をつくってくれて、お古ではなくて新品のそれを着られるのが楽しみでした。そして子どもの頃から、大人になったらこの洋裁教室のメンバーになろうと思っていました。

マンゴのジェンタも、のっぽのジェーンと同様に、二〇一一年に洋裁士の国家試験の三級に合格しました。

「子どもの頃はゾウが出てくると怖いと思ったけど、お母さんの話も聞いていたし、大切な動物なんだ、って思ってたわ。シャンバ（スワヒリ語で畑）荒らしはたしかに困るけど、悪さをしなければゾウが来なくなるとなんか寂しかったりしてたわね」

と、マンゴのジェンタは子どもの頃のお母さんの話の影響で、ゾウの見方が変わったことを言い続けます。

その二人のヤング・ママたちが言うことは同じです。

「ゾウがもたらしたプロジェクトだからゾウは敵じゃないわよね」

「そうねえ、敵だとは思わないわ」

「お母さんが言ってたみたいに、ゾウのおかげでこうして技術を得ているのだから」

「このプロジェクトが私たち、私たちの子どもたちへとずっとずっと続くといいわよね」

彼女たちはコミュニティー・ワイルドライフとは何か、その理論や自然生態系、大自然の保護の意義などはよくわからずにいます。おそらくそれらを知識としてガチガチに得るよりも、そのような理論中心の時空の世界とはまったく異なる場で、ありのままに暮らすことを選ぶでしょう。彼女たちには理論が通用しない、そんなものを教えても仕方がないと言っているのではありません。むしろ私が、異なる世界にいる彼女たちから学んでいるのです。彼女たちがありのままでいる自然の活動自体が、世代を超えて伝達されていくのもコミュニティー・ワイルドライフの活動のひとつだと、彼女たちは教えてくれているようです。そしてその優しさは、もしかしたら女性たちにある人間本来の大自然に通じる姿なのかとも思うのです。

プロジェクトのキー・パーソン

太めのクリスチンが座ったミシンの前で、縫製されたシャツを見ながら、かがみ腰で直しを指摘している女性が洋裁の指導者のメリーです。彼女はプロジェクトのアシスタントとしても手伝いをしています。

メリーは太めのクリスチンと同じくらいの体型で、二人が並ぶと迫力があります。メリーもクリスチンも太っていることに負い目はまったくないようです。ケニヤの農村部では太っている女性の方が魅力あると見なされますので、負い目を持つ理由はないわけです。

高めの声のクリスチンに比べると、メリーは明らかに低音で、不愛想に、どちらかというとぶっきらぼうで強気の口調で話します。初対面の人は彼女に怒られているのかと感じるかもしれません。

「クリスチン、ここがちょっと曲がってるわよ、ほら見て」

と、太めのクリスチンが縫製したシャツを重ね合わせて、メリーはズレがあるのを指摘します。

「あらやだ、またやっちゃったかしら。ハハハ」

と、失敗したと言わんばかりに舌を出すと、指摘されたところを修正し始めました。

「メリーとも長いわよね」

と、クリスチンはまた話を始めます。

「ここに来たのはいつだったっけ?」

また曖昧な記憶を暴露ですが、メリーの方がよく覚えていて、ぶっきらぼうに答えます。

「一九九八年からよ、娘のＣＨＩＡＫＩ（チアキ）ちゃんが生まれる前の年からよ」

「そうだった、そうだった」

とクリスチンは覚えていないのですが、まるで覚えているかのように合わせるお調子者です。

「まあ、メリーには世話になっちゃってねぇ」

と、今では女性たちの会にとっても頼りになるメリーですし、洋裁指導ばかりでなく、私のアシスタント兼《けん》メッセンジャーとしても活躍してくれています。しかし、彼女も初めから信頼できる仕事ができるかどうかはまったくもって未知でした。

ビリカニ女性たちの会で教えるようになるまでは、メリーは当時小さな家の一室で三人ほどに個人的に洋裁を教えていました。個人で教えているような人が女性たちの会で指導できるだろうかと不安がありました。ある専門学校の講師と一緒に面接に行きました。

「メリーさんですか？」

と、私がメリーの家を訪ねると、二人の女性が座っていました。ミシンの前に座っている女性に声をかけました。小さな一室で、壁とミシンの間もほんの少ししか幅がなく、私が部屋に入るといっぱいになってしまうほどでした。

「はい、そうです」

という声は低音ですが、しっかりとしている受け答えでした。私のようなムズング（スワヒリ語でガイジンの意味、自分たちとは違うという差別的な意味合いもあり日本語のガイジンということばに近い）と会話するのは初めてのようで少し緊張した印象を受けました。

まずは家族構成や教育経験などをインタビューして、彼女が三人の子どもの母であること（当時）、夫はモンバサにいて医療関係に従事していること、高校卒業後、専門学校で洋裁技術の資格を取ったこともわかりました。

「洋裁の指導者を探しているのですが、あなたの洋裁のレベルがどの程度なのかわかりません。よければ簡単な質問でテストしてもいいですか？」

と私は問いかけました。試験というと嫌がるかとも思い問いかけたのですが、私の意に反して、メリーの緊張していた顔はやや緩《ゆる》み、むしろ歓迎しているように微笑みを浮かべました。

「問題ないですよ、なんでも聞いてください」

自信があるのかもしれない、それともカモフラージュだろうか、私にはまだ彼女の性格や能力が読めずにいました。

私に同行した男性講師が、私と入れ違いに部屋の中に入ると、指導に必要ないくつかの基本的な質問を投げかけました。そして彼はメリーの応答を聞いてから、外に出ると私に小声で話しかけました。

「大丈夫そうですよ、基本的なところでは問題ないです。頼んでみてよいのではないですか？」

こうしてメリーがビリカニ女性たちの会の洋裁の指導者となったのです。

「いろいろあったわよね」

と、メリーはクリスチンのことばに促されるように、当時（一九九八年）の日々を思い出します。

「初めてチアキが来た時は、ゾウの研究者がなんで洋裁なのかなぁ、って思ったものよね」

と、メリーは私との初対面の日の印象を語ります。

「へえ、そうだったの」

と、聞き耳を立てていたヤング・ママが初耳だという感じで、洋裁の手をしばし止めてミシン端会議に参加し出します。

「てっきり、メリーは女性たちの会の最初の頃からいるのかと思ってたわ」

と、のっぽのジェーン。

洋裁教室のようす

「違うわよ、初めは老人で、最初の代表の親戚《しんせき》が指導者をやっていたのよ。でもその人は自分が仕事がなくなるのが嫌できっちり教えてくれなかったのよね」

と、太めのクリスチン。

クリスチンの言うように、プロジェクトの初めはビリカニ村にいた縫製士で老人の男性を指導者に頼んでいました。しかし縫製士の老人は村での縫製を稼《かせ》ぎにしていたので、お母さんたちが縫製ができるようになってしまっては困る状況にありました。自分の身を守るために女性たちに技術を教えたくなかったのです。それを隠して、小学校を卒業していない女性たちの教育レベルが低いから上達しないと、女性たちの無教育の責任にして結果的に何年経っても女性たちの技術向上が頭打ちの状態だったのです。

「でも、メリーの代になってからはきちんと洋裁士の資格が取れるように、教えてくれるようになったのよね」

と細めのバナデタが言います。

オールド・ママたちからのメリーの信用はとても高くなっています。というのは、メリーが指導者として長いのと、何回もいろいろな場面で力を貸して助けてくれているからです。

「それでメリーはチアキがゾウの研究者で、洋裁教室を助けている、っていうの不思議だったのね」

とヤング・ママののっぽのジェーンはメリーに聞き返します。

ヤング・ママたちにとっては当たり前のことが当時は理解するのが難しかったのだ、とヤング・ママたちは昔話を面白く聞いています。

「そうよ、初めはなんだかわからないけど、とにかく洋裁を教えればいいんだな、って感じだったわ。だいたい私が育った場所も、もちろん今住んでいる場所も、ゾウどころか野生動物は全然出てこないから、ゾウとか野生動物って言われてもわからなかったもの」

「ゾウとは結びつかなかった?」

「結構、時間がかかったわね。私も技術的に未熟だったところもあったから、教えるのに必死だったしね。だから洋裁士の合格者が出た時には本当に嬉しかったわよ」

と、メリーは初の合格者が出た時のことを思い出しながら話します。

「ビリカニでゾウが出てきてトラブルが多い、ってここに来てわかるようになって、それでチアキのやっていることがわかってきたのよね」

メリーが住んでいるところはビリカニから約七キロメートルのところにあります。大型野生動物が出没することはない人々が集中している居住地です。野生のゾウとのトラブルについては話ではよく耳にしていました。しかし、実際に経験している人たちと接するのはビリカニ女性たちの会に関わってからでした。

メリーには洋裁講師としての一面とアシスタント兼メッセンジャーになってからの一面とがあります。アシスタント兼メッセンジャーとして活躍するようになったのは、二〇〇五年からです。それまでは国立公園での仕事を退職した老人の男性が手伝っていました。彼が自己都合で退任することになり、後釜《あとがま》を担当してもらうことになりました。

識字教室を担当していた小学校を退任した講師と分担での担当でした。

いずれのアシスタントにも均等にコンピューターの技術トレーニングを私がすることにしました。だれもコンピューターを触《さわ》ったことのない人たちでした。コンピューターを触ったことのない人にマウスの使い方から教えるのに苦労しました。前任のアシスタントも識字講師も初老の男性たちは覚えも悪くてやる気もなく、マスターするところまでいきませんでした。一方のメリーは、持ち前の負けん気で、新奇のことを学び吸収していきたいという強い意欲があり、くじけずに学び取りました。そして、二〇〇八年から私が日本にも拠点を置くようになるとコミュニケーションや簡単な報告の処理をできるようになりました。

今では洋裁講師としてもメッセンジャーのアシスタントとしても、地域住民のプロジェクトに欠かせない存在となるほどに成長しました。プロジェクトの現地でのキー・パーソンともいえるほどになっています。

このような現地でポリシーをシェアできる信頼できる人材が長期に関わることは、コミュニティー・ワイルドドライフの実践には不可欠です。トラブルがない時にはその価値は隠れてしまいがちです。いざトラブルが起きると、仕事への信念、その信用性、そして逆境への強さなど複合的な彼女の力を発揮することになったのです。

トラブル起きる！　バッド・ママ登場

オールド・ママたちがメリーに「世話になった」というのは洋裁の指導者としてばかりではありません。事件が起きた時に女性たちの会を助けてくれたことがあるからです。

「チアキのやっていることをわかっていなかったら、あの時の闘いでグッド・ママたちと一緒にはやれなかったわよ」

と、メリーは低い声ながら当時の怒りを思い出して話し出します。

「あの時」とは二〇〇九年一〇月に起きた事件のことを指しています。「あの時」ということばが出るとオールド・ママたちも敏感に反応します。

「いや〜あの時よね。ほんと、大変だった〜〜」

と、太めのクリスチンは満面に苦笑《にがわら》いを浮かべて、メリーと同じように当時の怒りを思い出しています。太めのクリスチンは当時の女性たちの会の代表で、グッド・ママたちの先陣を切っていたのです。現在のメンバーで「あの時」の事件を知らない人はいませんが、時々、ミシン端会議では話題にしてバッド・ママの再発防止に努めているのです。

グッド・ママとバッド・ママは私が名づけた対立するママたちへの呼び名です。

「あの時」の事件が起きたのは、私がビリカニ女性たちの会に関わり始めてから一七年目に入った時でした。それまでビリカニ女性たちの会は順風満帆《じゅんぷうまんぱん》で大きなトラブルなく進んできました。しかし残念ながら初の事件が発生してしまったのです。

「あの時」の事件とは、会計担当や歴代のビリカニ女性たちの会の代表など、メンバー五名が中心となってグループの資金を悪流用することを目論《もくろ》んだところに端を発します。ビリカニ女性たちの会が順調に成長して資金的に潤《うるお》った故《ゆえ》に起きたともいえます。会の成長は好ましいことですが、資金が膨《ふく》れることはリスクも伴います。カネを狙《ねら》う人々へと悪魔のように変身していくのです。

会計監査から不正と見なせる疑惑が発覚していて、会計担当者に警告を出していた矢先でした。その会計監査を不満とし、会計士を巻き込んで悪徳メンバー五名を中心とするグループができたのです。それを悪いママさんたちという意味で「バッド・ママ・グループ」と呼ぶことにしました。バッド・ママ・グループにはオールド・ママたちとその家族の悪徳男性も入り込んできました。かつてはビリカニ女性たちの会に理解を示していた男性ですが、資金が懐《ふところ》に入りそうになると悪徳女性の妻と共に豹変《ひょうへん》したのです。

これに対して、抵抗するビリカニ女性たちの会の代表らメンバー六名が団結して立ち上がりました。この六名を中心とするグループを良いママさんたちという意味で「グッド・ママ・グループ」と呼ぶことにしたのです。その対立が日々深まりました。

バッド・ママ・グループは、プロジェクトの資金を狙って洋裁教室を暴力的に占拠して奪い取ろうとしました。一方、グッド・ママ・グループは、ビリカニの将来を考えて、このままビリカニ女性たちの会のグループとしての活動を続けて、若い世代の教育や技能の伝達に力を入れ、コミュニティーとしての成長を促したいと考えていました。

事件が起きた時に、私は日本にいてメッセージを受け取りました。

「メリーからメッセージを受けた時には、初めは何が起きたのかわからなかったし、何を伝えたいのか、全然わからなかったわ。それまでに事件って起きたことなかったからね」

と、当時を振り返って話します。

「事件なんだ、とわかるまでに時間が必要だったわよ。そして、あ~もうビリカニ女性たちの会は終わりなのか、とも思って、かなりがっかりしてメリーに電話したのよね」

「そうそう、電話してきた時のチアキは何度も『まだ女性たちの会はあるのか』って確認していたものね」
事件についてはヤング・ママたちも経緯《けいい》を知っています。当時のヤング・ママたちがビリカニ女性たちの会に入会しようとするのをバッド・ママ・グループの首謀《しゅぼう》者が「これは私たちの会だ、あんたたちは指一本触れちゃだめなんだよ」と、まるで姑《しゅうと》や小姑《こじゅうと》が嫁《よめ》をいじめるごとく、意地悪く拒否して追い出し続けたのです。バッド・ママ・グループが反乱を起こす直前には、ヤング・ママたちはビリカニ女性たちの会に近寄れない雰囲気となっていました。

この事件の時にビリカニ村の住人ではなく、村の外部者であるメリーがメッセンジャーとして活躍しました。村の住人でないことが、利害関係を生まずに彼女の正しいと思う方向の選択を許したのです。一歩間違えばバッド・ママ側につくこともできたのですが、彼女は信念を持ってグッド・ママたちを支持しました。

アフリカゾウ国際保護基金の代表でナイロビにいるオリンド氏、そして日本にいる私とのメッセンジャーとして、正確にメッセージを伝えるばかりではなく、彼女自身がそのポリシーをシェアして理解して活動したことが、ビリカニ女性たちの会のバッド・ママたちによる強奪と破壊を防ぐことになったのです。その選択は紙一重で、彼女はバッド・ママ側についてそのメッセージを伝え、カネを奪取して分配を期待できる立場にもあったのです。実際にそのようなメッセンジャーが仲介《ちゅうかい》して崩壊するプロジェクトもあります。しかし、メリーの強い正義感と良心、私たちへの深い信頼感がそれを許さず、バッド・ママ・グループと共謀する男性から脅迫《きょうはく》のメッセージを何回も受けながらも、グッド・ママ・グループを全身で守ったのです。

バッド・ママ・グループによってブロックされたビリカニ女性たちの会のワークショップをグッド・ママ・グループが奪い返すのに成功しました。

しかしバッド・ママ・グループの反乱は収まりません。ビリカニ女性たちの会は私たちのものだ、とバッド・ママ・グループは自分たちのグループが正統であることを周囲に触れ回りました。応戦するグッド・ママ・グループは、メンバーが体調を崩すほどのストレスのある状況下におかれました。が、幸いなことに、女性たちの会の中のメンバーよりもコミュニティーの内部およびビリカニ村の外部からの支持者を得ました。バッド・ママ・グループに入会を拒絶されているヤング・ママたちはもとより、ビリカニ村の中では、彼女たちの家族が強力に支持しました。

グッド・ママ・グループとバッド・ママ・グループで極端に言い分が異なることから、両者が同席して、チーフ（地域の長）の仲裁による「コミュニティー審判」がビリカニ女性たちの会のワークショップにおいて行われました。コミュニティー審判は伝統的な審判方法で、植民地時代に導入され定着した裁判と同等の決定力があります。事件が発覚してから四か月ほどたった二〇一〇年二月のことでした。私も出席しました。三時間以上に及ぶ答弁の応酬《おうしゅう》がなされました。

審判の日の翌日、バッド・ママ・グループの会計担当による資金の盗用と悪用は明らかなので、審判長のチーフは元会計担当に、指定された期日までに盗用・悪用した現金をビリカニ女性たちの会へ返金することを命じました。これで結審しました。これがグッド・ママ・グループの勝利への第一歩となりました。ビリカニ女性たちの会の内部対立については、チーフからの審判は直接下りませんでしたが、会計についての審判の結果がグッド・ママ・グループによる存続を支持していました。

その後、バッド・ママたちはグッド・ママたちに謝罪を申し出てきました。暴挙を働いた男性もグッド・ママ・グループを妨害することはなくなりました。バッド・ママ・グループがワークショップから完全に姿を消すのと歩調を合わせるかのように、バッド・ママ・グループによって排斥《はいせき》されたり、入会を拒否されたりしていたヤング・ママたちが、次々とビリカニ女性たちの会に戻ってきました。彼女たちの目は参加できる喜びに輝いていました。

「ようやく、ブロックされることなく、のびのびと洋裁を学べるわ」

と明るく言うヤング・ママの顔を見るにつけ、事件は収束したのだと実感したのです。

この事件以降、バッド・ママということばはプロジェクトがうまくいっているかどうかの指標のことばとなりました。

「バッド・ママたちは?」

と言うと、本当のバッド・ママが来たか、また妨害しようとしていないか、という意味もあります。それと同時にプロジェクトはうまくいっているのかな、という共通の確認の合ことばとなっているのです。新たなバッド・ママ・グループができることに対する警戒の意味も含まれています。

「アタシたちとメリーが元気な間はバッド・ママは活躍する場がないわよ。それにヤング・ママたちも力をつけてきているからね。ハハハ」

と、太めのクリスチンは大声で笑うと、不正には負けないぞ！　まだまだ行けるぞ！　と力を込めて言います。

「まだ死んでもらっちゃ、困るから、ねぇ。ヤング・ママたちがもうちょっと成長したら、いなくなってもいいけど、ね、ジェーン？」

と、メリーはクリスチンを冷やかすように言います。

「そうねぇ、オールド・ママたちにはもっとがんばって、いろいろと教えてもらわないとね。大丈夫。バッド・ママたちとの苦い経験は身に沁《し》みついているから、バッド・ママ・グループが二度と現れないように、目を見張っているわよ」

と、のっぽのジェーン。

「でも、またヤング・ママいじめのオールド・ママが現れないように！　って願うけどね」

と、マンゴのジェンタも愉快そうに笑っています。

ガチャガチャとミシン端会議をしながらの洋裁教室は、今日も楽しく一日が終わっていくのでした。

ビリカニは変わる

「モンバサからナイロビへの鉄道の拡張の大きな工事をやるみたいだけど、ビリカニは影響ないの？」

と、ビリカニ女性たちの会のミシン端会議で聞いたのが二〇一四年の初めのことでした。鉄道工事のために買収《ばいしゅう》される土地にビリカニの名前も含まれているのを聞いたので、どうなのかと気になって聞いてみたのです。

「あら、近くの工事もあるらしいけど、あまり関係なさそうよ。ずっと離れたところみたいだから」

と、ママたちは乗ったこともない列車がどうなるのかはあまり興味もないようで、のんきに構えていました。

ケニヤの第二の都市モンバサと首都ナイロビを幹線とする鉄道の再築の計画（約六〇〇キロメートル）は、二〇一四年になって急速に具体化しました。植民地時代にできた鉄道では、貨物車や旅客車週に数回、時速三〇～五〇キロメートルくらいで往復するのんびりとしたものでした。二〇一七年に工事が完成すると、時速一二〇キロメートルで往復する列車が走るようになるとのことです。

ケニヤの人口と車は日々増すばかりです。海外からの物資の輸出入の玄関口は港であるモンバサです。モンバサとナイロビの幹線道路は一車線です。最近では物資を流通するトラックとローリーがひっきりなしに往復するようになってきました。一九九〇年代、二〇〇〇年代に比べても、この数年の交通量の増加にだれもが頭を悩ますようになっています。鉄道での物資の運搬では、狭軌《きょうき》と呼ばれる旧式の鉄道を用いているため、今回の拡張工事では広軌《こうき》という世界で通用している鉄道に置き換えるものです。置き換えといっても旧式のものを取り除いて新式のものを入れるのではなく、新たに土地を買収して設定するもので、中国の資本により、ケニヤの国の大事業として、二〇一五年の一月より本格的な工事が始まりました。

鉄道拡張建設のための土地の買収は不可欠です。ビリカニ村の家でも一部が立ち退きの対象となりました。ただし女性たちの会のワークショップや学童のためのワイルドライフ・クラブのライブラリーは撤去されたり、立ち退きの対象にはなりませんでした。また、女性たちの会の現在のメンバーの多くの家はそのままでしたから、お母さんたちが言うように、ビリカニ女性たちの会の活動には影響はないものと思っていました。

ところが、実際に着工になってみると、ビリカニにもいろいろと影響があることがわかってきました。

朝からメリーと一緒にビリカニのワークショップで待てど暮らせど、代表の細めのバナデタと会計担当のオールド・ママのふたりしか姿を見せません。

「何かあったの」

と私が聞くと、オールド・ママのふたりは鉄道工事の影響を話し始めました。

「家にだれもいないと、鉄道工事で出る土砂をわぁーっと持ってきて家の庭に置いていっちゃうから、家にいて見張ってないとだめなのよ」

「私たちもちょっとの間でまた帰らないと、土砂を置いていかれちゃうから」

「なるほど、それが影響してママさんたちが活発でなくなってしまったわけね」

せっかくヤング・ママたちの活動が盛り上がってきた時に残念な影響です。もちろん住む家でのママさんたちの見張りが大切なこともよくわかります。

メリーは、

「それが落ち着くまで、洋裁教室は開店休業になっちゃうわね」

と残念そうです。

長期のプロジェクトには、人生のように山あり谷ありです。しかし山ばかりでは山でなくなってしまいますから谷に沈んでも気落ちすることなく、気分一新して山を目指すのも必要なのです。パワーのあるメリーは休業状態になるのが落ち着かないようです。

「メリー、そんなことはないわよ、人数は減ってしまうし、教室にいることのできる時間は制限されてしまうかもしれないけれど、続けましょうよ。ヤング・ママたちもやる気はあるんだから」

と、代表のバナデタはソフトに応答します。

それから数か月して土砂のゴミ捨て場の問題は緩和《かんわ》されました。しかし、ママさんたちはその対応に疲れ切ってしまって持ち前の明るさと元気が薄れてしまいました。このような形でビリカニ女性たちの会のプロジェクトに影響が出てくるのだとは予想もしませんでした。が、今後鉄道の開業に向けて、それに伴う問題も覚悟しなければいけないのだと考えさせられる事態でした。

鉄道工事とのトラブルの一方、ゾウとのトラブルは相変わらず続いています。ママさんたちが両方の板挟《いたばさ》みになってはいるものの、熱い気持ちは変わりません。バッド・ママ事件を乗り越えたグッド・ママ・グループです。確実に乗り越えていくことでしょう。

ビリカニ村はこの数年間、急速に変わってきています。

水の無かった村からビリカニに行けば水がある、という村になり、生活が向上したのはよいのですが、今度はそれ故の問題が生じました。水もある、土地も安いと知られるようになると、人々があちらこちらから転入し始めたのです。相変わらずゾウも他の野生動物も出没していますから、トラブルの頻度《ひんど》は多くなります。しかも従来のビリカニの住人たちよりも富裕の層が移転してくるようになりました。村の中での貧富の差が生じてきてしまったのです。

以前あるロッジで働いていたシェフが、ロッジをやめるとすぐにビリカニの土地を買った、と私に知らせてきました。

「あれ、チアキ、ここで何してるのですか?」

「あら、シェフじゃない?! あなたこそ、ここで何をしてるのかしら?」

と、ビリカニ女性たちの会のワークショップのすぐ近くにできた家の住人から声をかけられて振り向くと、そのシェフがいました。

「これが私の家ですよ。ついこの間買ったって知らせたじゃないですか」

と、新築の家を自慢そうに見せました。

ビリカニ女性たちの会のメンバーで家に電気がある人はいません。ワークショップにも子どもたちのためのビリカニ・ライブラリーにも電気は来ていません。しかしビリカニ村には送電線だけは二年ほど前から来ています。家に電気を引くための費用が高すぎて皆電気を引けないだけで、資金さえ持っていれば電気を引けるようになったのです。それにつれて富裕の層が土地を買い、転入して、水も電気も持つ生活を始めるようになりました。その人たちは地元の学校へ子どもを行かせずに、自分たちの子ども専用の私立の学校も建てました。

みるみるうちに変わるビリカニに、バッド・ママ事件よりも大変だ、とママさんたちはストレスをためてしまっています。そしてこれが末端にまで入り込んでいる地球のグローバリゼーション、資本主義のひとつの具体的な姿なのだと実感するのです。バッド・ママ事件の時には直接抵抗すればよかったのですが、鉄道によるトラブルや富裕層が転入してくる対応ではそうはいきません。私は歯がゆいながらも静かに温かく脇役としての支援を続けるのみです。

それでも、ビリカニ女性たちの会のママさんたちの訪問者への歓迎の歌と踊り、そして二三年間、変わらない食事を見ると、彼女たちの小さくて確実な野生のゾウとの共存はまだ続いていると思うのです。もっとも鉄道工事では鉄道と国立公園の境界に巨大な柵を建設する計画もあり、そうなると、野生のゾウがビリカニに現れなくなる日も近いかもしれません。

夜中に家の外に野生のゾウが時々出てくるのにドキドキ、ハラハラしながら過ごす日はなくなるかもしれません。国立公園で大型野生動物のすばらしさを体験する子どもたちとその家族の大自然への想いと関わりは新たな形を取って続いていくでしょう。ツァボ地域の自然生態系も変化していきます。共存の方向や意味も変わっていきます。こうした時の流れの中に、今、ビリカニ女性たちの会はいるといえるのです。

コミュニティー・ワイルドライフと大自然

コミュニティー・ワイルドライフの活動は、私の場合には、野生のアフリカゾウの保護のために地域住民から理解を得るための活動です。野生のゾウが生活するのは本来の原生自然を原点とする自然生態系であるけれども、人間社会の社会経済的な活動とのバランスが必要となり、風穴を通すようになっていて、大自然とはその風穴のある状態になっていると第三章で書きました。野生のゾウと人間が共存するということは、この風穴の風通しをよくすることでもあります。コミュニティー・ワイルドライフの活動は、大自然に開けた風穴です。ビリカニ女性たちの会への支援活動はその例です。

大自然と人間社会の間に心地よい風が通るようにすることが必要なのです。なぜなら大自然は人間社会の縛《しば》りの中にあるからです。人間の影響がほとんどない自然生態系を大自然としてそのままで保護し続けることは大切ですが、それに対して地域住民から理解を得ることは難しいでしょう。なぜ人間社会の社会経済的に効果を生み出すことなく保護しているのかと、その地域が広ければ広いほど問題提起されるでしょう。国立公園を地域住民の居住地にせよと政治家たちを中心に事あるごとに気勢が上がります。水の入手に問題があり乾燥していて人間の居住地としては適さない環境であることがわかっていても、人口増加への対応策として野生動物専用の土地を利用したい、という声は常にあるのです。

アフリカゾウをはじめとする大型野生動物のいる原生自然を原点とする自然生態系、それを大自然とするのは、パンドラの箱のようなものかもしれません。大自然はとても大切なので興味と好奇心が湧きます。もっと見たくなります。そのままでおくよりも中を見たくなります。そしてつい開けてしまったところ、人間の影響に満ちた破壊的で否定的なものをばらまくことになってしまったのです。パンドラの箱を開けたら中からさまざまな悪が出てきたのと同じです。しかし、パンドラの箱で最後に希望が残ったといわれるように、大自然でもコミュニティー・ワイルドライフと教育エコツアーは大自然と人間社会を結ぶ希望ある関係として残されていると私は考えています。そして実践しています。

視覚的に依存する人間は、観ることを中心に五感で大自然を感じることで、大自然を理解します。この五感を全開にする感触はロボットにはできないでしょうし、人工物の並ぶパークからは生まれてこないでしょう。そこには大自然から人間社会への風通しがあります。風穴は人間社会から大自然を守るために、人間社会に理解を促すための人間的な方策なのです。

コミュニティー・ワイルドライフ活動の対象となる地域住民たちは、大自然を私が理解するように理解しているわけではありません。その意味でははるかに人間勝手、自己の生活の都合を押し付けているところもあります。その捉え方はバラバラで多様でしょう。私がそういう人たちを自分の考えを押し付けて教育して、同じように理解してもらおうとは毛頭考えていません。異文化の異なる生活習慣での多種多様な地域住民による大自然があってよいと思っています。お互いに異なる故に学べるものがあるような価値観が、大自然にも心地がよい風穴となるのではないでしょうか。自然の多様性、生物の多様性、文化の多様性はこうして現実的、具体的に生き続けていきます。

コミュニティー・ワイルドライフの活動に関わりながら願うことは、自然生態系とのバランスの取れた地域の人々の健全な生活が維持されることです。野生のゾウの地域絶滅、大型野生動物の各種の地域絶滅が起きないことは条件です。つまり、自然生態系が破局的な状況に転じないことが活動の必要十分条件です。そのために、きわめて微力ではあっても、コミュニティーへの支援活動によって、大自然との風穴に心地よい風を送り続けることができればと願うのです。

第五章　大自然との架け橋

教育ツアーの始まり

「チアキ、そこに連れて行きたいという気持ちはわかるけど、教育ツアーだからね、それがワイルドライフ・マネージメントの教育にどういう意味を持つのかなぁ」

と、カンパ博士が乗り気のしない顔をして私に尋ねました。

「そこ」とは当時（一九九四年）、その前年に支援を開始したばかりのビリカニ女性たちの会のことです。

カンパ博士はアメリカのミシガン州立大学の教員です。私の恩師のカバーン博士と共に、教育ツアーの開発のためにケニヤを訪問しました。ミシガンで大型有蹄類の生活場所の究明をテーマに研究をしていて、教育プログラムの開発にも熱心な小柄の先生です。がっしりしたスポーツマンタイプの学者ですが、どことなく小型動物で集団行動をするマングースに似ています。彼は、毎日ジョッギングを欠かさず、アフリカで一緒に動いている間も、どこかしら場所を見つけては走って体を動かしていました。口ひげとあごひげがボサボサにのびていますが、若い禿《は》げの傾向があって、髪は薄くなりつつあり、おでこがひどく広く見えます。五歳になる娘が、ケニヤに出発する前に書いてくれた手紙をお守りのように大切に身につけている子煩悩《こぼんのう》ぶりで、二番めの子どももうすぐ産まれるとのことでした。

「帰国したらすぐ二児の父だよ、チアキ」と、嬉しそうに笑っていました。

ケニヤはもちろん、アメリカ以外の国を旅行するのは初めてのことでした。

ツァボ・イースト国立公園でのフィールドの観察内容をアメリカの野生動物との相違から議論し終えると、大学生の理解のためにツァボ・イースト国立公園を教育ツアーの導入部にしようと結論づけていた時でした。

話は教育プログラムに、コミュニティーの訪問を入れるかどうかで熱が入ってきたのです。

私はカンパ博士の質問に、こう答えましたた。

「リック（カンパ博士のファーストネーム、呼び名）、同じ質問を明日の晩、またしてもらえますか？　いや、明日の晩も同じ質問が出るかどうか楽しみだわ。とにかく現場を見て下さい」

と、すっきりした理論的な回答がなくて、苦虫《にがむし》をつぶしたような顔をしているカンパ博士に、微笑みを持って話をしました。

カンパ博士は理詰めの話が好きで、曖昧なのが苦手です。理路整然としていないと、少々不機嫌になります。といって、機械的で情緒性が欠けているというわけではないのです。学生への温かい接し方は人気があります。けれどもワイルドライフ・マネージメントや研究の現場では、割り切れないこともあるわかっている人、と言えるかもしれません。

隣にいるカバーン博士は、連日のスケジュールが少々きつかったようで、だまって聞いていました。カバーン博士は、年齢もあり、経験がカンパ博士より豊富で許容範囲も大きくゆったりしています。

「現地、フィールドに長くいる人の意見に耳を傾けるのが一番大切ですね」

と、いつものことばを発します。

そして、

「リック、まずはチアキのアドバイスどおりに行動してみようじゃないか」

と、カンパ博士をやんわりと丸めてくれました。

いずれにしてもカバーン博士の一言で、翌日訪問することになりました。

フィールド体験の熱い想い

ビリカニ村への訪問の当日。

カンパ博士もカバーン博士も、ふたりともやや緊張した顔をしています。アフリカで地域住民の村落を訪問するのが初めての経験だったからかもしれません。

到着するや否や、お母さんたちがいつもの歌と踊りで大歓迎です。

お母さんたちが用意したブーゲンビリアの花束をどっさり受け取ると、ふたりとも、前の晩の杞憂《きゆう》は一気に吹っ飛んでしまったようです。それどころか、興奮して喜びがいっぱいの表情になりました。

そして、訪問を終了すると、

「素晴らしいよ、チアキ、こうして、ゾウとトラブルを抱えている人たちが、笑顔でもって、歓迎してくれるなんて！」

理屈抜きで、地域住民の訪問は、教育ツアーのプログラムに加えられることになりました。タイミングや運というのはどこでどのように開かれるか、またつながるか、わからないものです。あの時、カバーン博士がカンパ博士にひとこと言ってくれなかったら、ビリカニ村に行くこともなかったでしょう。また、その後の教育ツアーで含めることもなかったでしょう。

カバーン博士の「現地、フィールドに長くいる人の意見に耳を傾けるのが一番大切」という経験的なアドバイスと実践が功を奏したのです。

カバーン博士のその時のある学生との出逢いと資金支援については、第二章の「私の恩師たち」で書いた通りです。

こうして地域住民の訪問を含めた教育ツアーが始まると、大自然、野生動物、地域住民との共存を伝達するための手段となりました。第三章にも書きましたように、人間社会と大自然の間に風通しをする方法としてコミュニティー・ワイルドライフと教育ツアーとを選択することになったのです。

振り返ってみると、教育ツアーへの想いは大学卒業した直後に放浪していた時代の経験までさかのぼることができます。

当時は教育ツアーのような良好なプログラムがなかったために、私は放浪を決意して実行しました。けれども当時教育ツアーがあったら放浪などしただろうか？　もっと違う道があったのではないか、という想いがあります。

少なくとも一年間も放浪はしなかったでしょう。

当時の私が今の時代にタイムマシンに乗って出てくることができるならば、私が実践している教育ツアーに参加して、参加者のひとりとして感動を語り、その後の人生を考えていたことでしょう。

アフリカゾウの研究者になりたいと情熱を持って放浪した時の熱い想いが、教育ツアーへの種蒔きをしたといえます。そしてその後のいろいろな想いが含まれています。放浪した後のいろいろな想い、ケニヤでフィールド調査研究を始めてからの想い、大自然との出逢いとどっぷり浸かりきった想い。地域住民との関わり。私が大自然と寄り添ったすべてが教育ツアーにエキスとなって入っています。だから参加者が私と一緒にいる期間は、わずか一週間から二週間でも、まるで一年も一〇年も、いやもっと長い間その場にいるような気分になるのです。こうして、野生のアフリカゾウと地域住民との共存を躍動感を持ってフィールド体験でき、かつ全身の五感に響き、大自然と人間社会、地球を大きく捉えるような視野が開けていきます。

教育ツアーの参加者たちへの全身全霊への刺激、アフリカと地球の自然保護への開けた視野は、

教育ツアーで野生のゾウを観る

日本での活動に広がり出しました。感銘《かんめい》を受けた学生たちの中で、とりわけ活発に活動を開始したのは、酪農学園大学の学生たちでした。森川純さん（酪農学園大学教授、当時）がケニヤを訪問したのをきっかけに縁ができました。大学に二〇〇八年になって「野生生物との共存支援サークル」（通称「えれふぁんと」）をつくり、息の長い活動を続けています。また二〇一二年には日本獣医生命科学大学にも同様のサークルができました。さらに参加者たちの社会人や大学生が力を合わせて、支援活動のためのNPO法人をつくろうという展開になりました。NPO法人「サラマンドフの会」として二〇一〇年より活動開始することになったのです。「サラマンドフの会」の「サラマ」はスワヒリ語で平和、「ンドフ」はゾウの意味です。NPO法人では共存のために地域住民へ支援を主な活動としています。女性たちの会と小学生への教育です。小学生たちは、日本を含めたケニヤの国外から訪問する人たちと同じように国立公園を訪問して、大型野生動物の観察をし、自然生態系、大自然の素晴らしさを学びます。野生動物への教育ツアーはオリンド博士が一九六〇年代後半から七〇年代前半にかけて行っていたポリシーを継承したものとなっています（第二章参照）。

教育ツアーを私が始めた時にはまったく予想もしていなかった、とても心地のよい風向きの方向に展開していきました。それはまた、大自然と人間社会との架《か》け橋であり、大自然にとっても快い風を通すことになったのです。

自然と文化の二面性と多様性

教育ツアーでは、大型野生動物を含めた自然生態系、大自然をたっぷりとフィールドで観察して、その後に地域住民を訪問する体験をします。

「この順番が逆だったら、地域住民万歳、ゾウは敵だ！　野生動物は敵だ！　って思うようになっていたかもしれませんね。ちょうど日本の農家の人たちが抱くような敵対心を持つ感じになってしまって、アフリカの大自然の素晴らしさは伝わらなかったかもしれません」

地域の小学生たちへ本の寄贈

と感想を漏《も》らしたのは、日本で野生動物管理の仕事に関わっている岸本真弓さんです。

　同じような感想をニューヨークで弁護士をしている橋本裕太さんも漏らしていました。

「大型野生動物が中心に織りなす自然生態系、その大自然のスケールの大きさに圧倒されて、とにかく素晴らしい！　そこでまだ地域住民には会っていなかったから、こんな素晴らしい大自然を破壊したり、野生のゾウを殺したりする人々っていったい何なんだ、けしからん、って始めは思いましたよ」

と、橋本さんは続けます。

「そういう気持ちもあったから、地

域住民と会うのはあまり乗り気でなかったのだけれど、それがどうだい、実際に会って歓迎されると、みんな素晴らしい人たちじゃないですか！　今度は地域住民サイドで野生動物を観てしまいましたよ。こんないい人たちとトラブルを起こす野生動物が問題だ、って具合で」

そして、彼は質問してきました。

「このジレンマをどうやって解決しているのですか？」

彼らの質問や印象は、大自然と人間社会の文化の二面性との衝突とも取れるなと私は考えました。

「私の場合にはもちろん野生動物、あくまで大型野生動物のいる自然生態系、大自然の立場から地域住民と接しています。それで矛盾は生じないです。地域の人々にも、その素晴らしさはフィールド体験すると伝わりますし、それこそ大切な関係だと思うからです」

と、私は答えました。

大型野生動物を含めた自然生態系は大自然ですので、大型野生動物の保護は不可欠です。しかし、人間社会と必ず対立が起きます。

人間社会はその理由に伝統文化を使います。

人間は社会をつくり、文化を生み出して、その多様性を広げてきましたし、文化は人間にとって大切な精神的活動です。しかし、人間の文化は野生動物にとっては時に曲者です。

原生自然といえる時代の人間の文化と、現代社会に横行している文化とは明らかに異なります。

本来の人間社会が生み出した文化とは、生活する場所の自然環境と必要最小限に新陳代謝を繰り返すことによって成立したものだったでしょう。そこには大型野生動物もいたでしょうし、多くの野生植物もありました。衣食住をそれらとの共存と分配利用により、人間社会は生活を成立させていました。人口が少ない時には、それもまた自然生態系の中の一部として組み込まれて循環系を築いていることもあったでしょう。今でもごく少ない狩猟民族ではそのような生活の仕方を続けています。また、自然と文化の共存として存続維持されることが可能な時代も長くありました。それはひとつのアフリカの大自然を織りなす姿だったといえるかもしれません。そこで資本や商業的に毒された、強欲な利益追求の自然からの搾取《さくしゅ》が皆無であれば、まだなお大自然と文化との共存を言い続けることはできたかもしれません。

自然と文化の分離は、人間の強欲に根差した利潤追求、資本主義の導入、人間による自然の金銭的な価値づけなどから拡大化していきます。自然を資源と見立てたところが破壊の原点ともいえます。文化は、人間が自然と社会生活の新陳代謝の中で営む文化ではなくなってしまいました。人間社会の中でのみ規定された大自然から見ると、きわめて陳腐《ちんぷ》なものとなってしまったのです。消費を拡大していくことにより、その資源すら使い尽くし、人間社会が自ら文化の首絞めを行うようになってきているのです。

さまざまな例を挙げることができます。

前世紀の遺物ですが、野生動物の毛皮の利用があります。野生のヒョウやチーター、ライオンの毛皮は一九七〇年代前半までは、高価で豪華な衣装としてもてはやされました。ひとつの衣装文化となっていました。しかし多くを利用し尽くしたために、その個体数が激減して、文化的にも停止せざるを得なくなったのです。自然からの素材がなくなってしまえば文化は成り立ちません。

世界で唯一印鑑《いんかん》文化を継続している日本はどうでしょうか。高級印鑑には象牙が使われてきました。その象牙の源はいうまでもなく野生のゾウです。ゾウはアジア地域とアフリカ地域では種が異なります（第三章参照）。日本で印鑑文化が発祥した頃にはアジア地域からの輸入でした。アジア地域のゾウからの象牙のみばかりでなく、素材の追求はアフリカの野生のゾウに及びました。和楽器にも象牙が使われてきました。三味線のバチ、琴《こと》のツメなどです。またピアノの鍵盤《けんばん》にも象牙が使われている時期がありました。

象牙は野生のゾウを殺さなければ得ることができません。象牙を取るためには歯医者が抜歯するように麻酔《ますい》をかけて抜く方法は使えません。ところがそのことを知らずに象牙製品を使っている人が多くいます。私が一九七九年に行った調査では、五一パーセント、つまり約半数は象牙がゾウを殺すことによってしか得られない、ということを知らずにいました（調査数：三九九名）。最近では、アフリカゾウが絶滅の危機に瀕《ひん》している原因が象牙を狙ったゾウの密猟であることが知られてきています。四〇年近く前と今では人々の意識も知識も変化してきました。

大自然、自然生態系からすると、日本に限らず、どこの人間社会でも伝統文化と聞くとどこか怪《あや》しげです。所詮は、人間が自然界にある素材を利用し始めたところに端を発しています。使っている素材はどこからどうやってどのように来ているのかを探ってみる必要があります。自然を資源として成立している文化は、人間社会の傲慢《ごうまん》によって成り立っている場合が多いことも浮き彫りとなってきます。

それでは、身の回りにある自然ならば利用して文化をつくってよいのでしょうか。これもまた疑問があります。私のものなら何をどう使おうとよいではないか、というのが人間勝手な発想です。野生生物、大自然は人間の所有物ではありません。

大自然と文化は共存するのでしょうか。

私は、文化は柔軟性と尊厳性のある変化だと思っています。伝統もまた変化していく必要があります。

人間中心主義から一歩下がって、人間も含めた大自然と歩み寄りつつ地球で健全に生きるためには、人間社会が固執《こしゅう》している伝統や文化を大自然に合わせて変えていく必要があるでしょう。

文化をつくるには素材が必要です。その素材が大自然からの搾取によりもたらされているのであれば、停止が必要でしょう。しかし、素材を変えても代替《だいたい》する素材を人間はつくることができます。原素材に固執しないことで、文化を変えつつ継承させていくことができるのではないでしょうか。原素材を用いなければ伝統的でない、というのであれば、その伝統は変化する必要があります。その素材が大自然を破壊して公害を垂れ流すような物質であってはなりません。そして、そういう物質でしか生産できないのであれば、その時に人間社会はその文化や伝統とは別れを告げるべきでしょう。

例えばクロサイの角を使った刀の鞘《さや》があります。これが伝統的で文化的なものというのであれば、もはやその素材は存在しなくなる危機にあります。それでも伝統を固守するのでしょうか。代替品を作成していくことができるはずです。漢方薬に使う原材料は野生生物である必要がどこまであるのでしょうか。人間がつくる素材によって代替していくことは可能なはずです。

人間社会にはきわめて多くの伝統や文化が生まれ消滅してきています。それが単一的にならずに多様性を持っていることは大切なことです。一方で、素材としての自然破壊を続けるのであれば、自ら首をくくるような地球全体の破壊に加担していくことになることにも気づくべきでしょう。

ロボットではない人間

アフリカの大自然が滅びたからといって、すぐに地球に影響はないというかもしれません。そうでしょうか。

大自然に見向きもせず、原生自然も知ることなく、五感が鈍くなってしまった人間たちが想像力を掻《か》き立てて人工物で創り出していく世界に未来はあるのでしょうか。

現代はまだ前世紀の遺物が活発に息づいています。まだ大自然の息吹《いぶき》、原生自然の漂《ただよ》いのある世界からの想像力、五感で感じた世界が混じり合っています。極端な話が、現代は良くも悪くも前世紀の賜物《たまもの》なのではないかと思うのです。

エジプト文明の発祥《はっしょう》の地では、かつてナイル川で氾濫《はんらん》が起きると人々は悩みました。それが、アスワンダムができて氾濫がなくなり、近代化に喜びました。ところが、畑に塩害が生じて、かえって人々は生活に苦しむようになりました。エジプトはナイルの賜物だったのが、それを無視したが故に、賜物は消滅してしまったのです。

それと同様な構図を思い浮かべます。前世紀の賜物にすがって生きていられる時期はよいのですが、やがて前世紀の賜物は寿命が尽きて去っていきます。その後に残る今世紀の人たちに、豊かな想像力、五感力、ダイナミックな発想、活動、創造力が残るでしょうか。大自然が健全に残されていない限り、困難ではないかと思うのです。

人間はロボットではありません。人間はヒトという生物の種であり、そのDNAを持っています。その発祥の地である大自然を反故《ほご》にすれば、必ず見返りが来ることは間違いないでしょう。ロボットに自然を感じることができるのでしょうか？　人工知能は五感を持ち、大自然を認識していくのでしょうか？　人間と共存するかは未来への課題です。人間の意識、そしてその豊かな感情の微妙な動きは、人間という生物の種が持った芸術だと思うのです。人工物にはコピーできない素晴らしさです。

東京の人工物ばかりのビル街に佇《たたず》んだ時に、私の中に皮膚一枚を隔てて、アフリカの大自然が全身に膨《ふく》らんでいくのを感じます。その皮膚一枚の外は人間による人工物と人間社会なのですが、この奇妙な感覚は何なのでしょうか。私の中に染みついた本来のいきものとしての人間が蘇《よみがえ》る瞬間ではないかとも思うのです。私たちは本来「いきもの」なのです。工学的につくられた生物ではないのです。

国際支援の意義

文化が人間による自然との新陳代謝の産物であり続けることが困難になってきています。ひとつの地域、村落の中でのみ循環代謝するような閉鎖的な文化は、おそらく人間社会の初期においては若干あったかもしれませんが、人間社会の歴史から見るとあり得ないでしょう。大自然の側から言えば、そのような閉鎖的な産物としての文化、かつ少人数によるものが望ましかったかもしれません。が、それとて繰り返し使うことによって、その閉鎖系の自然は崩壊してしまいます。

人間というのは大自然にとって実に厄介《やっかい》ないきものだと、改めてしつこいようですが、言わざるを得ません。

外部との関係なしに成り立たない文化と自然との関係であるならば、その関係を良好にしていくために、人間社会と自然とが歩み寄りつつ妥協点を見つけて代替的に進んでいかねばなりません。これについては、私個人の経験史も含めて第三章から本章にかけて述べてきました。

国際支援にはこの観点が関わってくると考えます。

私がアフリカゾウのことに関わり始めた頃、よく言われた批判や非難に、

「日本にもたくさんやるべきことはある。まずは日本でのことが先だ。それから日本の外だろう」

というのがありました。今でもあります。

閉鎖系のみ考えていればよくて外部には関わるな、と私には聞こえます。しかし、外部との関係が日本を含めた世界、地球を変えてきているのですから、このような批判は成立しません。また、そのように関わったところで必ず外の問題が関係してくるのは、象牙や犀角の問題に見られるとおりです。自分たちさえ見てればいい、自分さえよければよい、という自分勝手な発想に聞こえてしまいます。

たしかに交通機関が未発達の時代には、現代と比べれば、閉鎖系の中で生きていました。交通機関が発達しても、それを利用できる条件がなければ外を見聞して経験することはできません。資金的な余裕がなければ発達した交通網を利用することはできません。

現に地域住民の中には、ケニヤの首都ナイロビや第二の都市のモンバサなどの都会を訪れたことがない人はたくさんいます。交通網があっても資金がなくて利用できないからです。

しかし本人たちが閉鎖系の外に足を出さなくても、閉鎖系の中にとどまっていても、現代の人間社会では否応《いやおう》なく外部からの情報、物資が入り込んできます。ツァボ地域の人間社会でも、外

部社会から遮断《しゃだん》されたところはもはやあり得ません。

国際支援は他人様への他人による支援です。

自分の国から離れ、自分の家族から離れ、そして人間からも離れて支援を行うとなると、なぜ必要なのか、と疑問もわいてくるのでしょう。

答えは簡単です。

あなたも私も地球上のいきものなのです。そして地球人なのです。地球人とは、地球に住む「いきもの」としての「内なる自然」を抱えている人間です。

国際支援というのは、同じ地球上に住む人間として不可欠なのです。

向こう三軒両隣で困った人がいれば助け合って生きていきます。その向こう三軒両隣を地球まで広げましょう。地球上のどこにいてもどこの地域の人でも、どの「いきもの」でも、支え合うのが地球人としての人間といえるでしょう。同じ地球上に住む「いきもの」として野生の「いきもの」を支援するのはまったく矛盾《むじゅん》がないでしょう。

自然も文化も多元的に存在していくのが今世紀です。その中にあって、文化そのもののあり方、地球人として、地球に存続する「いきもの」としての人間の文化が問い直される時期にきていると思います。国際支援はその糸口ともなりますし、また文化全体への自然保護と合わせた意味での影響力も持っているのです。

ですから、アフリカの大型野生動物、とりわけ野生のゾウと地域住民の共存のために仕事を続けることは意義があるのです。

ただし、野生のアフリカゾウが自然生態系において健全に種個体群として存続する限りにおいてです。

それが危うくなってきているのが、二〇一〇年代になって再燃して激しくなってきている象牙をねらった密猟の増加なのです。

ツァボ地域の将来と未来

◆ゾウの密猟

ここまで私は、昨今のアフリカゾウの象牙をねらった密猟について敢《あ》えて深く触れずにきました。

その理由は、ひとつには滅びゆく大自然として初めから大自然を否定してしまうと、大自然の本来のあり方、そこから見える原生自然、地球自然の原点が遠のいてしまうと考えてのことでした。段階を追って大自然を知るためには、まずは原点に近いところから入っていき、そして最後に滅びゆく姿に近づいていく形で読者に知らせていきたい思いがあったからです。

ツァボ地域の将来と未来を考えると、大自然のささやきは、滅びゆく大自然へのうめきにもなっています。大型野生動物を狙った密猟の問題を避けて通ることはできません。

野生のアフリカゾウの世界から考えてツァボ地域に将来と未来はあるのか？というのはこの

数年間考え続けているテーマとなっています。その理由は、激化する密猟と加速するインフラ整備と開発です。どちらも人間社会からの強度な圧迫です。野生のアフリカゾウの種個体群の個体数を減少させて、生活場所を破壊して縮小させてしまいます。その結果、野生のアフリカゾウは自然生態系で本来の種としての役割を果たせなくなります。ツァボ地域の生態系そのものが歪曲《わいきょく》して縮小すれば、役割の変化を余儀なくされてしまうでしょう。その時に野生のゾウは本来のゾウとして生きていけるのでしょうか。野生のゾウは、囲い込みの中で生活しては本来の自然生態系への役割を果たせなくなります。ゾウに限らず大型野生動物は、囲い込みの中で生活すると野生動物としての本来の生活とは異なる生活をすることになり、生態系との関係でも自然とは言い難い関係をつくり上げるようになってきます。疑問は連続して湧いてきます。

まずは、昨今の象牙をねらった密猟の激化についてです。ツァボ地域に限らず、アフリカ全土で二〇一一年頃より密猟の増加が報告されるようになりました。

二〇〇九年頃には「ゾウは増え過ぎている」という報道すらなされました。個体数の変化を歴史的、長期的に捉えるのではなくて、わずか数年の増加を切り取って、増え過ぎていると報じたのです。人間の目の浅はかさを示しただけでした。私はその時にも、長期的な個体数の変化のグラフを見せて、ゾウは増えていない、減少している、と言い続けました。

ところが、その頃増え過ぎていると報じていた人たちは、この五年間はまったく静かになってしまいました。だれが見ても、象牙を狙った密猟でゾウの個体数が減っているのが明らかだからです。

中国人との結び付けもなされました。ケニヤン・ホワイト（イギリス系白人）の研究者が中国人が象牙を密売していることを報告したことを皮切りに、中国人攻撃が始まりました。日本と中国のみが一九九七年のジンバブエでのワシントン条約国会議の決定で、条件付きで象牙の輸入を認められていることはどこ吹く風です。アフリカゾウの象牙を狙った密猟が日本人の消費と関係があることは一九八〇年代には声高に言われたのですが、二〇一〇年代に入ると、中国が標的になりました。現実には中国も日本も含めてアジア全体が象牙消費に大役を買っているのです。

二〇一〇年代の特徴はそればかりではありません。ゾウの個体数が減少し、象牙の金銭的な価値が上昇するにつれて、象牙文化としての利用ばかりでなく、金（ゴールド）や鉱物のように蓄財としての価値も見出す人たちが現れました。二〇一四年から二〇一五年にかけて、象牙の一キロあたりの価格は闇市場で一〇〇〇USドルとも二〇〇〇USドル（約一〇万円から二〇万円）とも言われました。中型の象牙一本が八キロから一〇キロとすれば、一本につき八〇〇〇から二〇〇〇〇USドル（約八〇万円から二〇〇万円）になります。稀少《きしょう》になるほど価格が上昇して、蓄財として買いあさる層が出てきます。蓄財価値が出てしまうと野生動物の将来は致命的になります。

さらに昨今のテロの勃発《ぼっぱつ》は象牙とも関連してきています。蓄財としての価値が出れば、資金としての利用をどの組織でも考えます。テロ組織の資金源のひとつとして象牙も使われていると言われています。

もっとも、象牙の密猟についてはアジア系やテロ組織のみではありません。二〇一三年にはアンボセリ国立公園の研究グループのスタッフが象牙を密売しようとして捕まりました。アフリカゾウの行動・生態研究を長期に行っている著名な研究者たちのグループです。研究者グループが象牙の売買と関係がある話は以前からあり珍しくないとはいえ、魔の手はここまでも及んでいるのです。

国内の政治家や国立公園内部の者が絡《から》んでいる噂《うわさ》は後を絶ちません。噂が報じられると、政治家や組織が否定するというイタチごっこが続いています。

象牙の密猟でゾウの個体数が減少する一方で、ゾウの生活場所を脅《おびや》かす動きが人間社会での急速な開発です。人口増加と人間居住地の集中、そして開発により、野生のゾウなどの大型野生動物は日々生活場所を狭められている状況といえます。

◆超スピードに装飾された道

一九六〇年代に『沈黙の春』を著わしたアメリカの科学者レイチェル・カーソンさんは、人類が分かれ道に立っているが、選択すべきはそれまでに歩んできた高速道路と超スピードに装飾された道ではなくて、あまり人々が選択してこなかった道に地球の安全を守れる未来がある、と言っています。カーソンさんの発言は地球全体としての方向への示唆でしたが、彼女は残念ながら当時の原生自然のあるアフリカ地域を訪問して体験していません。彼女がもしツァボ地域を訪れていたら、海辺や鳥類の自然保護のみならず、地球の自然保護、人類の保護のための大型野生動物の重要性も強調していただろうと思います。

一九六〇年代のアメリカ人から見たツァボ地域は、カーソンさんの言う「あまり人々が選択してこなかった道」で、「地球の安全を守れる未来」が現実的にある道のひとつだったといえましょう。

一九六〇年代、わずか半世紀以上前までは地球の安全を守れる未来の具体的な地として存在していたツァボ地域が、今世紀に入って、当時カーソンさんがアメリカで心配していた方向に急速に歩み出そうとしているのではないかと見えてくるのです。「あまり人々が選択せずに」「地球の安全を守れる」道を進んでいたはずが、高速道路と超スピードに装飾された道に入り込んでいるように見えます。

そこには人間社会の生活の便利さを伴います。例えば、私がツァボ地域で研究調査を始めた一九八〇年代後半には、ナイロビからツァボまで行くのに悪路の連続でした。今では道はよくなりました。悩みといえば、道がよくなった故に、車の台数も増えて渋滞が起きるようになったことです。このように、道路事情ひとつをとっても状況は変わってきました。「高速道路と超スピードに装飾された道」がケニヤ全体をあちらこちらで覆《おお》うようになっているのです。インフラ整備は人々の生活を豊かにするという信仰のもとに進められています。適度の整備は必要です。しかし過度になると地域の人々の生活を豊かにしているのか、未知のところがあります。そして、過度のインフラ整備は確実に大型野生動物の生活場所を脅かしています。

ケニヤは『ヴィジョン二〇三〇』という国を挙げての目標に向かって、文明国が一九六〇年代までに歩んできた同じ道を超高速で歩み出しているように見えます。そこでは、日本が高度経済成長ということばに浮かれて、あたかもクリーンに国造りが進んでいるかのような錯覚を持った一九六〇年代〜七〇年代にも似ています。経済成長と表裏一体で生まれてきた大量の不燃物の生産、大量廃棄、有害廃棄物による人体への影響、公害問題、などはすべて蓋《ふた》封じして猛進していました。その中では中型の野生動物もすべて封じ込めていきました。

ツァボ地域の今世紀、とりわけこの五年間の状況がそういったアメリカの一九六〇年代、日本の一九六〇年代から一九七〇年代と重なって見えるのは私だけではないでしょう。

変化は超スピードでやってきました。二〇一五年から進行しているモンサバからナイロビを幹線とする鉄道の拡張工事は、ツァボ国立公園の境界線沿いも含んでいます（一四四ページ参照）。「超スピードに装飾された道」の選択は勢いを増すばかりです。

◆開発の二面性

鉄道といえば多くの文明国の人々にとってよいイメージがあり、私自身も鉄道マニアまではいかないものの、さまざまな種類の車両に興味と関心を持って育ちました。しかし、それは環境史からすれば人間社会から思い込まされている偽《いつわ》りの夢ですし、野生動物や大自然にとっては決して明るいものではありません。ヨーロッパ人が世界を植民地化していく時に開発したのがまず鉄道でした。アメリカでも、鉄道開発と開拓が美談となる中、先住民を征服し、野生動物を大量殺戮して自然破壊をし続けました。アフリカの鉄道でも、ヨーロッパの入植者たちの利益のために、ケニヤのモンバサ港から内陸への物資の流通のために鉄道が引かれたのが一八九〇年代、イギリスの植民地化が進められていく時代のことです。

見慣れたツァボの国立公園の境界線の景観が、大きなメスでえぐり取られるように変わっていくのを見ると、環境史で習った植民地時代の開拓の目的と変容ぶりを思い出します。当時のように、鉄道開発が先住民と野生動物を殺戮して資本提供者の土地の占拠となることは今のところはなく、野生動物の種の保護は配慮されています。しかし自然生態系はどうでしょうか。現代の鉄道開発は二面性を持って展開しているように思えます。野生動物にとっては従来の生活場所に影響します。囲い込みによるワイルドライフ・マネージメントの手法が優先するようになります。先住民への影響も二分されています。鉄道周辺の居住地域では、工事に伴う廃棄物や噴煙で健康を害する人たちがいる一方、物資の流通や交通の便の改善で町や都市部の人々にとってはありがたい開発となっています。

さまざまに変化していくツァボ地域ですが、いつまでも地球の原点、原生自然を私たちに呼び起こしてくれる大地として生き続けて欲しいと願わざるを得ません。

大自然の閉塞と解放

かなり楽観的な私でも、時に悲観的な思いに支配されてしまうことすらあります。そのひとつは、囲い込みによるマネージメントが主流となる脅威《きょうい》です。大自然が閉塞《へいそく》的になっていく懸念《けねん》なのです。

アフリカ、ケニヤ、ツァボから見た大自然とは、大型野生動物が生活し、その関連で多様な生物と無機物との関係を持つ自然生態系です。この大自然は、人間社会からまったく隔離されて「あるがまま」に存在することは現代の人間社会を中心とする時代には不可能です。私自身が人生を持ってその過程を経験して敗北感を味わいつつ、社会経済的な繋がりを持ってきました。大自然と人間社会との間の風穴、風通しは適度に必要で、お互いにバランスよく心地よく吹き続けることが大自然が人間社会と共存するためのひとつの手法となりました。

人間中心主義ではない者にとっては、精一杯の譲歩なのですが、その譲歩すら土足で踏みつぶすような閉塞感をもたらしているのが今世紀に入ってからのアフリカの大自然、いや地球上の大自然の後退かもしれません。

大自然はもはや存在しない、と言い切ってしまうことは簡単です。そしてそれは、理論的には成立するので、頭の中からは地球上の大自然はもはやなし、と言い切ってしまうことができるでしょう。存在しないものにこだわる必要はない、人間と人間が作った物を自然の原点として考えるべきだ、という論も成り立つでしょう。そのような話を聞くと、実に人間は人間中心に論をどこまでもこねくり回すのだ、と思ってしまいます。

ツァボでの地域の生態系、とりわけ国立公園内に残されている原始自然に限りなく近い原生自然、それを想起させる、あるいはそれに同調させるようなツァボ自然生態系に経験的に接していると、大自然は存在しない、とは言い切れません。残骸《ざんがい》はまだある、と反論します。大自然はまだまだある、と言い切ります。そう言い切れるのは文明社会からやってきたからでしょう。そのような頭と目と感性で見て考えるからでしょう。

大自然は存在する、という時に何を持って存在するというのでしょうか。

結局は相対的、比較の問題になるのではないかと考えるのです。

そこには、それを語る個人と個人史が深く反映してきます。私の場合には、文明国から来て人間社会から離れて野生動物の世界、とりわけ野生のゾウの世界にどっぷり浸かったこと、そこから世界を見るようになったことがあります。その世界から地球や人間社会を探る限り、大自然はまだ地球に残っていると言えるのです。もちろん健全かというと疑問があります。敢えて言えば、閉塞的に大自然は残っている、と言いたいのです。

閉塞的な状況とはどういうことでしょうか。

大自然が解放されていない、八方が閉じてふさがってしまい、先行きが見えにくい状況という意味合いを含みます。

野生のアフリカゾウの世界にどっぷりと浸かって彼らの生活を観ていると、昨今の生活環境は息苦しさを増してきています。安泰《あんたい》、平穏《へいおん》に過ごしているとは言いにくい。個体差や個体群差はありますが、その生活自体を息苦しさから解放するために、本来の野生の生活を人間社会に合わせて家畜的、もしくは飼育動物的に変え、適応させることで乗り越えているように見えるのです。なぜなら、それが比較的安全になってしまったからでしょう。極端な言い方をすると、野生動物であることを放棄することによってサバイバルができるようになっているように見えます。遠い将来には、人工的につくられた疑似《ぎじ》野生動物が野生動物として登場して、映画「ジェラシック・パーク」のように野生動物と混在、もしくは人工的な動物のみ、あるいは混在して表面のみを同じくして草原や森林を歩くようになるかもしれません。そうなればなるほど、野生のアフリカゾウは本来の野生の生活の仕方から離れていくことでしょう。

人間にたとえるとわかりやすいかもしれません。

映画ではすでに人工知能やロボットが人間をコントロールする世界が描き出されていますが、仮にそのような世界になった時に、人間が人間のように生きていくと、ロボットや人工知能から抹殺されてしまいます。人間はなるべくロボットや人工知能に合わせて生きていかねばサバイバルする方法がなくなってしまうわけです。

野生のゾウの今の状況はこのような状況に似ているのです。

閉塞的とは、その意味で使っています。

野生のゾウをはじめとする大型野生動物が多くの他の野生生物、無機物と関係し合うことでダイナミックに自然生態系を動かしています。要《かなめ》である大型野生動物が息苦しい状況であることは、そのまま自然生態系、つまり大自然の息苦しさにもなります。

滅びはしない、けれど形を変えて残っていく、その形も本来のあり方でなく変容していく、それが大自然の閉塞的な状況を現しています。

それでもなお解放の道はあると信じています。いや、信じたいというべきかもしれません。

野生のゾウが息苦しさから解放されているひとつの道は、逆説的になりますが、健全な教育ツアーにあると思っています。そして、共存する地域住民への国際的な支援、健全な研究活動にも見出せます。人間社会が大自然と歩み寄りつつ、人間中心主義から一歩も二歩も下がったところに大自然のかすかな解放があると思っているのです。そう信じて実践を継続しています。

しかしながら、世界の巨大な波には大自然も解放から遠のく危機も孕《はら》んでいると言わざるを得ません。グローバリゼーションは大自然の将来と未来へ再び暗い閉塞感を呼び戻しているようにも思います。

グローバリゼーションと大自然の将来と未来

◆同一タイムで起きる

「グローバリゼーションとアフリカの大自然が関係があるんですか?」

と、グローバリゼーションを聞きかじって日の浅い学生から質問が出てきます。

それより以前に、
「グローバリゼーションって何ですか」
という質問ももちろんあります。

グローバリゼーションということばは知っているようで知らないことばではないでしょうか。インターネットで検索してみてください。実にたくさんの内容が出てきます。使用するごとに、また使用者により異なるといっても過言ではないほどに意味や定義は広がっています。流動的であるところにもこのことばの時代的な特徴があるように思います。

それでもグローバリゼーションとアフリカの大自然の関係を考えるうえで、グローバリゼーションとは何かを最低限の共通項として規定してみる必要があります。

例えば、社会学者の伊豫谷登士翁《いよたにとしお》さんによれば、「一般的には、国境を越えるヒト・モノ・カネそして情報や技術の動きの拡大を意味し、そうした越境的な状況をさす語」だが、「交通や通信技術の発展に支えられた国境を越えるさまざまな活動の拡大・深化であり、近代の歴史において避けることのできない過程」でもあり、実に多面的に捉えることができるとしています。

交通や通信技術の発展に支えられた特徴は、国境を越えて人間社会が起こすさまざまな活動のひとつであり、アフリカの大自然との関係にも広く深く影響してきています。人間社会にとっての時間的、空間的な近似感、縮小感、加速感と、それらによる世界同一タイムで伝わる影響力と伝播力です。アフリカに居ても日本に居ても同じことが起きていくのです。

一番よい例は携帯電話とスマートフォン（スマホ）の普及です。

ケニヤの非都市部ですら、今では携帯電話を持っていない人を見るのが珍しいほどです。持っていないのは一部の高齢者と学童たちくらいです。回線電話が普及しなかったこと、中国をはじめとするアジア製の廉価《れんか》な製品が直接入り込んでくることなどで、電気のない家にもたちまちのうちに広がりました。町の店では充電屋も現れています。スマホが世界に普及し始めたのは二〇〇九年のこと。ケニヤでの普及もアジア製品の同時普及があり、ほぼ同時に進行しています。私のいるところは都市から二〇〇キロメートル以上離れていますが二〇一三年まではスマホを持っている人がほとんどいませんでした。二〇一四年から急速に広がり、今では町の安レストランでも小売店でも利用者を見かけるようになっているのです。

私自身の経験からも、その距離感の縮み方の変化はめざましいです。

◆価値観への影響

人間社会での便利さは、表面の快適さ、美しさのみで万事進行しないのは歴史が教えてくれるとおりです。グローバリゼーションのもたらす大きな落とし穴は末端の小さな地域、村落まで、世界の貧富をそのままコピーしたような格差のある社会が生じていることでしょう。便利さの普及が多くの人々に移動の自由を与え、貧困地帯にも比較的裕福な層が居住するようになってきています。その具体例は、第四章のビリカニ村での変化でも記しました。地域住民の生活がグローバリゼーションの波動のもと、上下に分裂して階層化していくのは、地域住民への支援活動のうえでも困難を生じる原因となっていきます。

今世紀的な意味でのグローバリゼーションによる大自然への影響は何でしょうか。

地球上のどこでも瞬時に情報・モノ・カネを共有し、単一化、同一化、単調化する点に特徴があるとすれば、価値観もまたその影響を受けるでしょう。時代的に政治的・経済的に力を持つ国の価値観が素晴らしいものとして地球上に広がっていきます。現代までは、ヨーロッパからの流れの一部のアングロサクソン系の白人男性を中心とする一部の富裕層、彼らが中心の地盤とするアメリカです。頂点として文化や生活が右へ倣《なら》えをしているように見えます。固有の地域の生活や文化は遺産扱いして残す傾向はあっても、日常の生活での中心的な価値観にはなっているとは思えません。あくまで付属的な価値として残しておこうというレベルでしょう。

このような中で自然観も単一化してきます。本来、地球上の大自然は多種多様な地域自然生態系に根差した自然を編み出し、多様な自然観を生み出してきました。それらが同一単一の価値観のもと、同一均一化してくるように思えます。地球の地軸を固定してしまいかねない勢いです。

もっともすべてが悪いわけではありません。自然の価値観の中には地球上のすべての自然に共通するところもあります。地球自然生態系として捉えれば、統一するひとつの価値観も重要です。例えば地球上の生物の進化史、自然史、それらのうえに成り立つ生物の多様性と無機的な自然の織りなす世界は、地球上のどこでも基本的な動態的な姿としてあるわけです。そのような観方を発展させてきたのは、ヨーロッパ、アメリカで発展した生態学です。その応用系としての応用生態学、ワイルドライフ・マネージメント、自然環境学、などでもあるのです。

◆単一化と多様化の方向

一方で、価値観が単一化することによる大自然への悪影響もあります。

大自然といえばアメリカのワイルダーネスだ、という観方が中心となり、そのような自然が素晴らしいとなってしまう傾向です。オリンド博士が一九五〇年代から六〇年代にかけて経験して話しているように、アメリカのワイルダーネスとケニヤのワイルダーネスはまったく違うのです。私自身も一九八〇年代から九〇年代にかけて、その違いを観ています。またミシガンからの先生たちや学生たちと教育ツアーを実施していた頃にも、ワイルドライフ・マネージメントを専攻する先生や学生たちが異口《いく》同音に同じ感想を漏らしていました。

その相違がそのまま残されて多様性のある大自然が地球上に残っていくのであれば、多元的な大自然が今世紀に残されていくといえます。しかし残念ながら、グローバリゼーションの大きな波がその方向を阻止しているように見えます。

ひとつの将来の方向は、グローバリゼーションで人間社会がどこでも似たようなコピー型となっていく方向です。アメリカのようなものが大自然であり、そこにワイルダーネスがあるから、それを目指す方向が出て来ることです。囲い込みによるワイルドライフ・マネージメントはアフリカの南部の南アフリカやナミビアではすでに実施されています。その方向がアフリカ全土に強くなってきています。人間社会がある程度のところまでアメリカ的に向かって進んでいくことになるかもしれません。

私は囲い込みよりも回廊計画に魅かれていましたが、現実的には短距離、部分的には成り立っても、長距離、広範囲には成立していません。それどころか、鉄道改修工事が始まってからの回廊の意味が変わってきてしまったのにがっかりしています。鉄道工事では国立公園の境界線沿いの一部を改修の新線のために切り開いています。その部分に、橋を建設して野生動物が通れるような通り道をつくっているのです。これを回廊（トンネル型の回廊）と呼ぶようになっています。ツァボ地域以外でもトンネル型の回廊はアバディア山岳地帯にあります。また国立公園の境界に隣接する個人の放牧地と連続している場所を拡張して回廊と呼んでいます。いずれも極めて部分的なものです。国立公園などの保護地域と別の保護地域を結び付けるような広範囲の回廊は、土地の買収、政治家の介入を考えるにつけ、今後も出現することはあり得ないでしょう。鉄道工事では高額の土地の買収をしましたから、それと同額、またはそれ以上の価格が出ないことには広範な土地の買収は困難です。また、人口増加と土地の利用の拡大はもはや広範な回廊計画を実現させるレベルではないことを現実的に示しています。むしろ、人間様のために土地をよこせという声が政治家たちから高まってきているほどなのです。野生動物にとっては、その意味では完全敗北です。

いまひとつの方向としては、アフリカの人間社会が拡大していくと野生動物の居住場所はなくなるのだから、その前にそれらの動物をアメリカに移住させて、アフリカの草原や森林のような生態系を人工的につくろうという冗談のような真面目なプランもあります。映画「ジェラシック・パーク」は古生物を復元させました。それと同時に、現在生存する野生動物を復元させて、人間が囲い込んだ敷地の中でコントロールしていく、といくことで種が守られるという方向も出てくるかもしれません。人工の野生動物たちによる人工の場での生息となると、もはや地球の歴史的にある自然史上の野生動物の姿はどこへやら、となってしまいます。それでもそういう時が来ると、これこそ大自然だ、というのかもしれません。そして人々はそれが素晴らしい大自然と思うようになるのかもしれません。アフリカに今観られている大自然は博物館の写真と動画と標本の中で知るのみとなり、過去形で語られるようになるのかもしれません。

大自然は滅びずへの希望

◆楽観的でも言い続けたい

大自然は変遷していくことは間違いありません。いや本書で書いてきた通り、大自然が地球上を覆ってからの時間に比べればきわめて短期間で大自然は人間社会との妥協を強いられてきています。大自然そのものが時々刻々と移り変わっているのです。

滅びゆく大自然としてしまうことは簡単です。が、私は最後の種個体群がアフリカ大陸にある程度健全に生存しているのであれば、大自然は滅びず、と言い続けたいです。楽観的過ぎるかもしれません。

大自然と人間社会の大きな架け橋はすでに壊れてしまっています。それを戻すことはできません。自然保護は不可逆です。新たにつくることができないから自然を保護せねばならないのです。ただ地域ごとの小さな個々の架け橋は、焼け跡の残骸のように残っていると言えるのではないでしょうか。ちょうど火事が起きた後に全焼かと思っていたら、少ない損傷で残っていた住処《すみか》のようにです。

大きな架け橋がないのだから、橋があるなどと寝ぼけたことを言うべきではないのかもしれません。虹のように、見えるだけで実際には渡ることができない橋かもしれません。それでも往復してみたい、その最後の小さな橋を守り続けて次世代へつないでいきたい、というのが私の生きているうちに続けていきたい希望です。

この橋で渡り続けることには大きなリスクがあると知りつつ、この橋は素晴らしい、と叫んでいる大馬鹿者、と嘲笑《ちょうしょう》されることは承知の上です。壊れかけた小さな橋でも渡り続ける方法がある、渡り続けた結果生まれるものがある、と活動しています。少なくとも渡らずに橋の向こうで佇《たたず》んでいる人たちよりも大自然を五感で知ることができ、人間社会を健全な方向へ動かす小さな力となる、と信じています。

◆オリンド博士に尋ねる

「オリンド博士は七八歳で、ずっとアフリカ、ケニヤの自然の変化を観てきたわけですよね」

「そうですよ、チアキ」

「ケニヤ全土、野生動物の状況は、この七〇年間、涙も出ないほど、本当に大きく変わってきた、と話をしてくれましたけど」

「はい、そのとおり」

「ケニヤ、とりわけツァボ地域にいると、野生動物の世界があって、人間社会が入り込んでいく、というステップがとてもよく見えます。私もオリンド博士ほどではありませんが、一九八〇年代の前半からケニヤやその他のいろいろな地域を訪問して、多様な自然と人間社会を学びました。わずか三五年間でも、大型の野生動物に対して人間社会がいかに強くなっているかを嫌というほど見ています」

「チアキの二倍の期間を見ている私としては、その変化に息苦しくなることは想像できるでしょう」

「ええ、私が初めて観たケニヤ、大型野生動物ですらすでに壊れかけた状態からの開始だったのですから。これから将来、未来の世代、子どもたちが大人になる頃のケニヤの大型野生動物と人間社会ってどうなるのだろう、と心配になります」

と、私はオリンド博士に語り続けます。

「七〇年後のケニヤ、もうオリンド博士も私も生きていないと思うけど、そこまでいかなくても五〇年後のケニヤ、ツァボ、ってどうなっているか想像がつきますか?」

オリンド博士の顔からは微笑みがすっと消えて、真剣な表情になりました。

「私から観ると、大きく変わってしまった、野生動物がほとんど観られなくなってしまった今でも、ケニヤ国外から初めて来る人たちは、野生動物がたくさん観られる、素晴らしい、と感動していますよね。ちょうどチアキが三五年前に感動した時のようにです」

その話に私は私自身がバックパッカーとしてアフリカ大陸を放浪して、野生のゾウを初めて観た、三五年前の感動を思い出します。

オリンド博士はそういう私の表情を見ながら話を続けます。

「今、ケニヤを訪問してツァボで野生のゾウ、大型野生動物を観て、自然生態系に感動した人たちが五〇年後、七〇年後にもう一度訪問する機会があるとしたら、そしてその時にあまりに変化しているとしたら、どれほどショックを受けるかは、今の私の気分と同じようなものだと思うんですよね。あ～～こんなに少なくなってしまった、こんなに変わってしまった、と嘆《なげ》くことでしょう」

私はオリンド博士のその話を聞きながら、オリンド博士の失望感に同調します。

オリンド博士は未来の訪問者たちも今と変わらぬ大自然を体験できるのだろうか、と懸念《けねん》しつつ、話を続けます。

「大型野生動物の個体数が少なくなっても、絶滅することなく、生活して自然生態系、大自然をつくり続けている限りは素晴らしいところに映《うつ》るでしょうね」

「しかし現状を見ていると、その時まで野生のゾウ、キリン、カバ、そのほかの大型、中型の野生動物が生活していているかどうか。かなり難しいとも思いますね。アメリカのワイルダーネスのように、残っている動物は小型のみとなって、大型はほとんどいなくなり、景観のみ、と変わってしまう可能性は大いにありますからね」

「そうはなって欲しくない、とはいえ、私たちはもしかしたらそうなる前の最後の架け橋を、次世代につなげようと、歩んでいるのかもしれませんね」

最後の架け橋

私はその最後の架け橋を歩んでいられることを嬉しく光栄に思っています。リスクを負いながらも二一〇〇年に生きている日本、ケニヤ、そして地球上のすべての生物、人類にバトンタッチできればと願っています。

「原生自然は素晴らしいと思いますけど、日本にはアフリカのあるような原生自然はないですからね」

という感想を漏らす人がいます。

だから気にする必要はない、大自然はないのだから無視してよい、日本の国内の自然だけつきあっていればよい、ということならば残念な方向です。多様な視野を開拓し維持するうえでの問題点です。まったく異なる世界を守る、保護する、そこに生物の多様性、文化の多様性、人間の多様性を維持して切り開いていける原点があるのではないでしょうか。

遠いから考えない、違うから考えない、だから排除する、身の回り一メートル四方だけを考える、という生き方は未来の世代への橋渡しをしません。それに、その狭い空間にもグローバリゼーションの影響は入り込んでくるのです。外を見ず、他者に関わらず、人間以外の生き物に触れず、すべてを排除して次世代に伝達していく世界に人類としての明るい未来はありません。

アフリカの野生動物のこと、大型野生動物のことを遠いところでも考えてみる、人間以外の生物のことをまったく違う世界に住んでいる目から考えてみる、そうして近づけたり離したりして客観的に世界を見ることで、多次元的に多様に生きる方向づけをしていけるのだと思います。

アフリカの大型野生動物が生活する大自然の世界は、ひとりでも多くの人々に是非体験してもらいたいです。たとえ体験することなくとも、その恩恵で健全な地球の自然があること、そのうえに生きているのだと私たちが考え続けることは重要なことです。小さいけれど確実な一歩一歩、それが大自然と地域の人間社会との新たな小さな架け橋を守り、次世代に継承《けいしょう》していくための力となっていくのではないでしょうか。

あとがき

大自然そして自然保護に関しては、破壊、崩壊、絶滅、危機など、息苦しく暗澹《あんたん》たる気持ちになるような事故、情報が飛び交《か》っています。そのような世の中でもほっと一服するような気分で大自然を想えるエッセイ集としてみました。いつの時代、いつの時にも心をほっとさせる小さなささやきは大切です。時にそれは詩や俳句や短歌であり、歌や曲の音楽であり、写真や絵、アニメ、あるいは落語、漫談などとして、人々の荒れた精神を癒《いや》します。アフリカの大型野生動物がいる大自然との新陳代謝を続けてきた私としては、その産物としてのエッセイ集からそのような芸術に出逢った時のような、危機感の中のくつろぎを感じ取ってもらいたく思っています。

私のしていること、私たちのしていることは身の丈《たけ》サイズです。前面に華《はな》やかに出ることはありませんが、小さいけれど確実な活動を続けています。その終点は成功か失敗かと二者択一で生き方を決めることではありません。水の流れのように、雲のたなびきのようにしなやかに、ゾウの歩みのようにゆるやかで確実に進むことに価値があると思っています。

好きが昂《こう》じて、自分自身の身の回りから最も遠い地のアフリカ、ケニヤで、人間から遠い大型野生動物の野生のゾウを想い、そこに共に生きる人々のために力を尽くしてきました。その過程で健全な地球、大自然、人類、そして健全な人間とは、と考え続けています。心情的には恩返しなのかもしれません。人間以外のいきもの、とりわけ大型野生動物が編み出してきた自然生態系の中でヒトが地球で人類として恩恵を受けている、そのことに対して身を削って恩返しを続けたい、という想いがあります。同時に地球の自然生態系の循環の一員として、自然の大オーケストラ団から追放されることなく共に地球を舞台とする演奏を続けていきたい、という夢と希望があります。

前著『アフリカで象と暮らす』（文春新書、二〇〇二年）の続編ともいえる内容です。一四年ぶりの出版となりました。一四年後は七〇歳を越えています。どれほどケニヤも地球も変化していくでしょうか。今世紀の地球おけるアフリカの大自然の重要性と、なぜ地球人として生きていくのかを一四年後にも伝え続けていることができるように、小さいけれど確実な活動を続けていきたいものです。

人間中心主義には一歩距離を置いて、地域住民を含めた人間がいかに自然に合わせて生きていくか。そのために大型野生動物との共存をいかに進めていくか。人間が大自然に合わせていくこと、それがアフリカの大自然を滅ぼさないための必要十分条件といえるのではないか、という想いが深まるのです。このポリシーが実践を伴って、何とか次世代に繋がっていけばよいと切に願うばかりです。

人間と人間社会は、地球の主役になって驀進《ばくしん》し続けるのを停止して、そろそろ脇役を蹴散《けち》らすような主役は降りてもよいのではないかと思います。脇役になって地球の大自然という主役を支えつつ、主役も脇役も手を取り合って共存していける地球に、私が生きているうちになればと願っています。

本エッセイ集の一部は、私が代表をしておりますＮＰＯ法人サラマンドフの会の会員向けのニュースレターからの改稿です。さらに、講義や講演会等で、小学生から大学生はもとより老若男女問わず、いろいろな方との質疑応答のやりとりなどからも多くのヒントを得ました。ですから多くの人々との出逢いと繋《つな》がりによって誕生した書ともいえます。ひとりひとりのお名前を挙げることができず申し訳ありません。示唆《しさ》をいただいた方々に心から感謝しつつ、本書をケニヤと日本とで活動に共感して支えてくださった方々、そして共に未来の架け橋を繋いでいこうとする人たちに送りたいと思います。そして、本書が活動の継続的な支援のための一助にもなることを願っています。

本書の出版のきっかけとなったのは、冨山房インターナショナル主催で、室伏きみ子さん（現お茶の水女子大学学長）のコーディネートによるサイエンスカフェでの講演です。冨山房インターナショナル代表取締役の坂本喜杏さんが拙稿を出版に導いてくださりました。編集主幹の新井正光さんに心より感謝致します。

二〇一六年四月

中村千秋

中村千秋（なかむら ちあき）
1958年、東京生まれ。ミシガン州立大学大学院卒。アフリカゾウ研究者。ＮＰＯ法人サラマンドフの会代表理事。酪農学園大学特任教授。放送大学非常勤講師。アフリカゾウ国際保護基金客員研究員。
1989年より、東アフリカのケニヤのツァボ地域を拠点に、野生のアフリカゾウと地域住民の共存をテーマに現地研究調査。現地の女性たちの会へのボランティア支援活動を20年以上継続。専攻はワイルドライフ・マネージメント、自然保護学、栄養学、環境社会学、環境思想。著書に『アフリカで象と暮らす』（文藝春秋社、2002年）。

アフリカゾウから地球への伝言

二〇一六年六月二十三日　第一刷発行

著　者　中村千秋
発行者　坂本喜杏
発行所　株式会社冨山房インターナショナル
東京都千代田区神田神保町一‐三　〒一〇一‐〇〇五一
電話〇三(三二九一)二五七八
URL:www.fuzambo-intl.com
印　刷　株式会社冨山房インターナショナル
製　本　加藤製本株式会社

ISBN 978-4-86600-011-4 C0045

冨山房インターナショナルの本

死にゆく子どもを救え
――途上国医療現場の日記

吉岡秀人著

「誰も死なせはしない！」アジアで一五年、限られた器具や施設、人員など悪条件の中で一万人の命を救った一人の日本人小児科医の魂の記録。テレビ・新聞等で感動の特集。（一三〇〇円＋税）

国境なき大陸 南極
――きみに伝えたい地球を救うヒント

柴田鉄治著

地球は今、ふたつの大きな危機に直面している。地球環境の危機と核戦争だ。この破滅を防ぐ方法はないのか。南極にほれこんだ元新聞記者がただひとつの解決策を語る。（一四〇〇円＋税）

泣くのはあした
――従軍看護婦、九五歳の歩跡

大澤重人著

看護婦として日本の旧陸軍と中国の八路軍に従軍した一人の女性の波乱万丈の生涯。生死を分けかねない数々の苦難を強い精神力とユーモアではねのける姿が心に響く。（一八〇〇円＋税）

安さんのカツオ漁

川島秀一著

自然を敬う伝統と日本独特の大切な文化が息づいているカツオ一本釣り漁。一人の漁師の日常と苦労を追いながら、激減するカツオ一本釣り漁の姿を浮き彫りにする。（一八〇〇円＋税）

ヴァイオリンに生きる

石井高著

ヴァイオリン作り五〇年――イタリア・クレモナ在住の職人が、修業時代から現在のヴァイオリン作り、ストラディヴァリの秘密まで、ヴァイオリンの魅力を存分に語る。（一八〇〇円＋税）